水电水利规划设计总院
China Renewable Energy Engineering Institute

中国可再生能源发展报告

CHINA RENEWABLE ENERGY
DEVELOPMENT REPORT

2019

水电水利规划设计总院 编

U0212788

中国水利水电出版社
www.waterpub.com.cn

·北京·

图书在版编目（ＣＩＰ）数据

中国可再生能源发展报告. 2019 / 水电水利规划设
计总院编. -- 北京：中国水利水电出版社，2020.7
ISBN 978-7-5170-8680-2

Ⅰ．①中… Ⅱ．①水… Ⅲ．①再生能源－能源发展－
研究报告－中国－2019 Ⅳ．①F426.2

中国版本图书馆CIP数据核字(2020)第122355号

责任编辑：张　晓　刘向杰

审图号：GS（2020）2473号

书　　名	中国可再生能源发展报告 2019 ZHONGGUO KEZAISHENG NENGYUAN FAZHAN BAOGAO 2019
作　　者	水电水利规划设计总院　编
出版发行	中国水利水电出版社 （北京市海淀区玉渊潭南路 1 号 D 座　100038） 网址：www.waterpub.com.cn E-mail：sales@waterpub.com.cn 电话：(010) 68367658（营销中心）
经　　售	北京科水图书销售中心（零售） 电话：(010) 88383994、63202643、68545874 全国各地新华书店和相关出版物销售网点
排　　版	中国水利水电出版社微机排版中心
印　　刷	天津嘉恒印务有限公司
规　　格	210mm×285mm　16 开本　9.5 印张　229 千字
版　　次	2020 年 7 月第 1 版　2020 年 7 月第 1 次印刷
定　　价	**298.00 元**

凡购买我社图书，如有缺页、倒页、脱页的，本社营销中心负责调换

编 委 会

前言

　　能源是人类赖以生存和发展的基础，是现代经济发展的动力，在气候变化和化石能源日益短缺的双重压力下，为了人类社会的可持续发展，加大可再生能源投入、加快能源转型步伐已经成为国际社会共识并付诸行动。

　　2019 年，是新中国成立 70 周年，是决胜全面建成小康社会第一个百年奋斗目标的关键之年，是习近平总书记提出能源安全新战略五周年。 一年来，中国可再生能源系统坚持以习近平新时代中国特色社会主义思想为指导，为进一步推进构建高比例可再生能源体系不断开拓进取。 2019 年，中国三大可再生能源（水电、风电、太阳能发电）发电装机规模均位居世界第一，生物质发电装机规模名列前茅，可再生能源发电量稳步增长，可再生能源生产和消费实现快速发展，有力推动了清洁低碳的绿色能源体系建设；依托智慧能源技术的快速发展，分散式风电、分布式光伏发电得到积极布局，集中式与分布式并举的可再生能源综合利用模式不断完善；风电、光伏开发应用多元化程度持续加深，实现了生产与供应方式的多元化发展；能源发展质量效益稳步提升，能源结构持续优化，从源头减少污染排放，支持了大气污染防治；流域水电基地建设继续统筹有序推进，水电改善贫困地区生活基础设施、光伏扶贫增加贫困户稳定收益等助力精准脱贫；可再生能源助推能源国际合作扎实开展，进一步提升中国在全球能源治理的影响力。

　　《中国可再生能源发展报告 2019》是水电水利规划设计总院编写的第四个年度发展报告，报告坚持深入贯彻落实能源安全新战略，立足于当前能源发展改革的新形势、新要求，对中国可再生能源发展状况进行了梳理分析和综合归纳，努力做到凝聚焦点、突出重点。 本年度发展报告编写过程中，得到了能源主管部门、相关企业、有关机构的大力支持和指导，在此谨致衷心感谢！

2020 年，在疫情防控常态化背景下，中国可再生能源发展立足全面建成小康社会和"十三五"规划收官，落实"四个革命、一个合作"能源安全新战略，将继续为助力能源高质量发展作出新的更大的贡献！

水电水利规划设计总院

二〇二〇年·六月，北京

目录
Contents

1

发展综述

中国正在持续加强落实"四个革命、一个合作"的能源安全新战略，加快构建"清洁低碳、安全高效"的现代能源体系，加快推进能源转型，实现能源高质量发展，以大力推进生态文明建设进程。 在此背景下，国家大力推动非化石能源替代化石能源、低碳能源替代高碳能源，优先发展可再生能源，促使实现能源资源的高效清洁利用。 2019 年，中国可再生能源开发利用取得明显成效，水电、风电、太阳能发电等能源种类累计装机规模均居世界首位，在能源结构中占比不断提升，可再生能源消费占比是非化石能源消费占比的绝对主体。

截至 2019 年年底，中国可再生能源发电装机容量 **79488** 万 kW 占全部电力装机容量的 **39.5%**

2019 年可再生能源发电装机情况

截至 2019 年年底，中国各类电源总装机容量 201006 万 kW，同比增长 5.8%，其中火电装机容量 116588 万 kW，核电装机容量 4874 万 kW，可再生能源发电装机容量 79488 万 kW。 2019 年可再生能源装机容量占全部电力装机容量的 39.5%，相比 2018 年装机容量增长 8.7%，增速较 2018 年（11.7%）有所下降。

可再生能源发电装机中，水电装机容量 35640 万 kW（含抽水蓄能装机容量 3029 万 kW），风电装机容量 21005 万 kW，太阳能发电装机容量 20474 万 kW，生物质发电装机容量 2369 万 kW，见表 1.1、图 1.1 和图 1.2。

表 1.1	2019 年与 2018 年各类电源装机容量对比		
电源类型	装机容量/万 kW		增减比例 /%
	2019 年	2018 年	
总装机容量	201006	190012	5.8
可再生能源发电	79488	73145	8.7
水电	35640	35226	1.2
其中：抽水蓄能	3029	2999	1.0
风电	21005	18431	14.0
太阳能发电	20474	17444	17.4
其中：光伏发电	20430	17420	17.3
光热发电	44	24	83.3
生物质发电	2369	2044	15.9
核电	4874	4466	9.1
火电	116588	112364	3.8

注　表中核电和火电装机容量数据引自中国电力企业联合会发布的中国电力行业年度发展报告。本报告中火电装机容量均不含生物质发电装机容量。

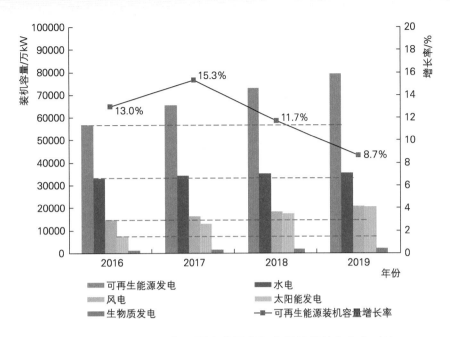

图 1.1　2016—2019 年可再生能源装机容量及增长率变化对比

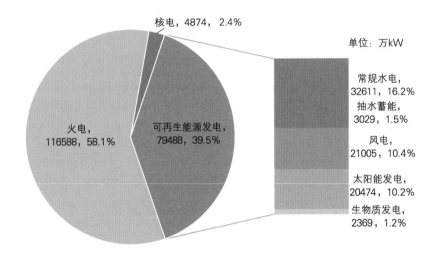

图 1.2　2019 年各类电源装机容量及占比

2019 年可再生能源发电量情况

2019 年，中国可再生能源发电量 **20430** 亿 kW·h 占全部发电量的 **27.9**%

2019 年，中国各类电源全口径总发电量 73271 亿 kW·h，同比增长 4.7%，其中火电发电量 49354 亿 kW·h，核电发电量 3487 亿 kW·h，可再生能源发电量 20430 亿 kW·h。2019 年可再生能源发电量占全部发电量的 27.9%，相比 2018 年发电量增长 9.5%，增速与 2018 年（9.9%）基本持平。

可再生能源发电量中，水电发电量 13019 亿 kW·h，风电发电量 4057

亿 kW · h, 光伏发电量 2243 亿 kW · h, 生物质发电量 1111 亿 kW · h, 见表 1.2、图 1.3 和图 1.4。

2019 年风电、光伏发电和生物质发电等非水可再生能源发电量 7411 亿 kW · h, 在全国可再生能源发电量中占比 36.3%, 仍低于世界平均水平。

表 1.2 2019 年与 2018 年各类电源发电量一览表

电源类型	发电量/(亿 kW·h)		增减比例 /%
	2019 年	2018 年	
总发电量	73271	69955	4.7
可再生能源发电	20430	18662	9.5
水电	13019	12321	5.7
风电	4057	3660	10.8
光伏发电	2243	1775	26.3
生物质发电	1111	906	22.6
核电	3487	2950	18.2
火电	49354	48343	2.1

注 表中核电和火电发电量数据引自中国电力企业联合会发布的中国电力行业年度发展报告。本报告中火电发电量均不含生物质发电量。

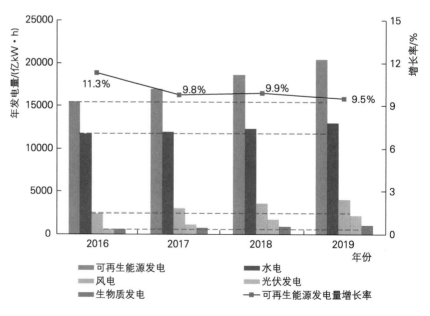

图 1.3 2016—2019 年可再生能源年发电量及增长率变化对比

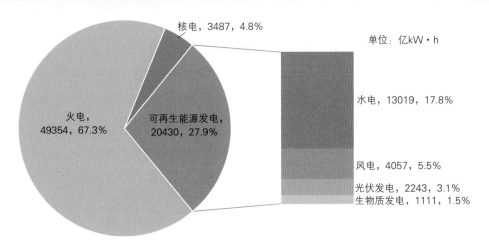

图 1.4 2019 年各类电源年发电量及占比

地热能、海洋能等其他可再生能源概况

近年来，中国地热能、海洋能等其他新能源开发利用局面也已显雏形。目前，地热能开发以直接利用为主，浅层地热供暖（制冷）建筑面积累计约 8.41 亿 ㎡，北方地区中深层地热供暖面积累计约 2.82 亿 ㎡，规模均位居世界第一。截至 2019 年年底，地热发电装机容量 4.638 万 kW。海洋能处于探索起步阶段，截至 2019 年年底，海洋能电站总装机容量为 8.1MW，其中，潮汐能电站总装机容量 4.35MW，潮流能电站总装机容量 3.56MW，波浪能电站总装机容量 0.2MW。

2

发展形势

世界可再生能源装机占比稳步提升，可再生能源成为电力增长的主体

当前，国际社会对保障能源安全、保护生态环境、应对气候变化等问题日益重视，清洁绿色能源开发利用已成为世界各国的普遍共识。 可再生能源成本降低和技术进步为可再生能源的快速发展带来巨大的机遇，以高比例可再生能源、电气化和能源效率大幅提升为特征的世界能源转型正在加速，可再生能源正深刻改变着世界能源体系。

截至2019年年底，世界可再生能源发电装机容量达25.37亿kW，在世界电力总装机容量中占比达34.7%，较2018年占比增长1.4个百分点；其中水电装机容量11.89亿kW（不含纯抽水蓄能电站），风电装机容量6.23亿kW，太阳能发电装机容量5.86亿kW，生物质发电装机容量1.24亿kW，见图2.1。

2019年世界新增可再生能源装机容量17600万kW，略低于2018年新增的17900万kW，占世界总新增发电装机容量的72%。 从世界范围来看，可再生能源已经成为电力增长的主体，其中，太阳能发电装机容量新增9800万kW，风电装机容量新增5900万kW，占总新增可再生能源装机容量的89%。

截至2019年年底，世界可再生能源发电装机容量达
25.37亿kW

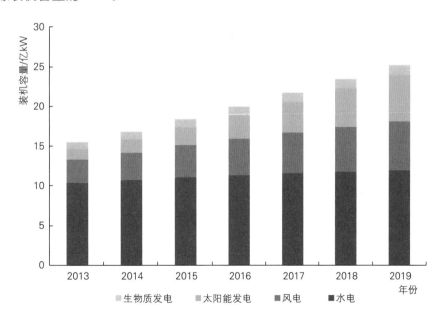

图2.1　2013—2019年世界可再生能源发电装机容量

中国可再生能源发展整体形势

为应对依旧严峻的国家能源安全保障形势和依旧突出的环境污染问

题，以及日益增大的气候变化压力，国家提出推进能源生产和消费革命，构建清洁低碳、安全高效的现代能源体系，实施能源绿色发展战略，推动清洁能源成为能源增量主体。大力发展水能、风能、太阳能等可再生能源，构建高比例可再生能源体系是构建现代能源体系的重要路径，是优化能源结构、保障能源安全、推进生态文明建设的重要举措。

综合来看，伴随着中国能源生产和消费革命的加快推进，能源生产质量将逐步提高，能源消费基本保持稳定增长态势。消费结构方面，可再生能源消费占比不断提升，在逐渐成为能源消费增量的主体的同时，逐步走向存量替代。可再生能源生产方面，常规水电和抽水蓄能仍有较大的发展潜力和发展空间；随着技术进步、成本下降和系统灵活性提升，新能源逐渐成为可再生能源电力的增量主体，但总体来看，新能源发电量在全国总发电量中的占比仍低于世界平均水平。

清洁能源消费占比不断提高，消费结构清洁低碳转型加快

2019 年中国能源消费总量达 48.6 亿 t 标准煤，同比增长 3.3%❶。2019 年煤炭消费量占能源消费总量的 57.7%，比 2018 年下降 1.5 个百分点；能源消费仍以煤炭为主，但煤炭消费占比逐渐下降。随着"清洁低碳、安全高效"能源体系的构建与完善，天然气、核电、水电、风电、太阳能发电等清洁能源消费占比逐步提升，能源消费结构清洁化、低碳化转型加快，二氧化碳、二氧化硫等减排成效显著。2019 年，清洁能源消费占比达 23.4%，比 2018 年上升 1.3 个百分点，其中非化石能源消费占比达 15.3%，提前一年达到 2020 年非化石能源消费占比 15% 的发展目标。2019 年可再生能源发电（不含生物质发电）折合约 5.9 亿 t 标准煤，根据测算，相当于减排二氧化碳约 15.4 亿 t，减排二氧化硫约 500 万 t，如图 2.2 所示。

可再生能源装机容量及发电量稳步增长

为应对日益增长的能源消费需求，需着力促进能源发展、保障能源生产。2019 年中国能源生产总量为 39.7 亿 t 标准煤，较 2018 年增长 5.1%，整体保持平稳增长。可再生能源作为国家能源转型的重要组成部分和未来电力增量的主体，2016 年以来，其发电装机容量和发电量保持了稳步增长，能源转型有序推进，如图 2.3 和图 2.4 所示。

2019 年，清洁能源消费
占比达
23.4%
其中非化石能源消费占比达
15.3%

---

❶ 根据第四次全国经济普查结果，对能源消费总量等相关指标的历史数据进行了修订。

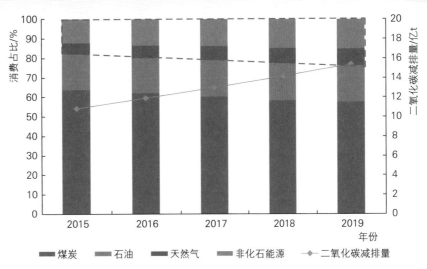

图 2.2 2015—2019 年中国主要能源品种消费占比及二氧化碳减排量

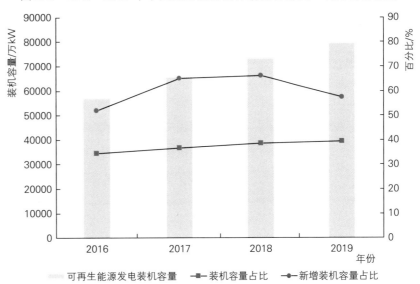

图 2.3 2016—2019 年中国可再生能源发电装机容量及新增装机容量变化

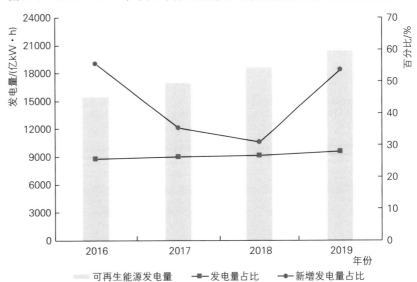

图 2.4 2016—2019 年中国可再生能源发电量及新增发电量变化

2016—2019 年，中国可再生能源发电装机容量年均增长率约为12%，在全国电力总装机容量中，占比分别从 2016 年的 34.4% 提升到2019 年的 39.5%，火电装机容量占比从 63.5% 下降到 58.0%。可再生能源发电量年均增长率约 10%，在全国电力总发电量中，占比从 2016 年的 25.7% 提升到 2019 年的 27.9%。

从装机容量增量来看，2016—2019 年可再生能源新增装机容量在总新增装机容量中占比均超过 50%，领先化石能源新增装机容量；2019 年可再生能源新增装机容量占比为 57.7%，较 2018 年（66.0%）略有下降。从发电量增量来看，在火电发电增速放缓、清洁能源消纳问题改善等多方面因素影响下，2019 年可再生能源发电增量在总新增发电量中占比约为 53.3%，新增发电量占比较 2018 年明显回升。

常规水电和抽水蓄能稳步发展

截至 2019 年年底，中国水电总装机容量达 **35640** 万 kW

2016—2019 年，常规水电和抽水蓄能电站装机容量保持稳步发展。截至 2019 年年底，中国水电总装机容量达 35640 万 kW，在可再生能源发电装机容量中占比为 44.8%。其中常规水电装机容量 32611 万 kW，抽水蓄能装机容量 3029 万 kW，分别同比增长 1.2% 和 1.0%；2019 年水电发电量 13019 亿 kW·h，同比增长 5.7%。见图 2.5。

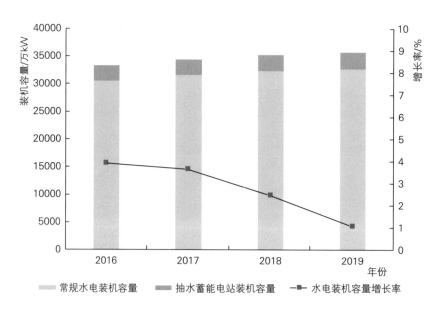

图 2.5　2016—2019 年中国水电装机容量及增长率变化

风电、太阳能发电等新能源成为可再生能源发展主体

截至 2019 年年底，中国
新能源累计发电装机容量达

43848 万 kW

2016—2019 年，风电、太阳能发电和生物质发电等新能源发展迅速，新能源装机容量及发电量在全国可再生能源总装机容量及发电量中占比均保持稳步提升，新增装机容量在年度新增可再生能源装机容量中占比均超过 80%，如图 2.6 和图 2.7 所示。 截至 2019 年年底，中国新能源累计发电装机容量达 43848 万 kW，在可再生能源发电装机容量中，占比从 2016 年的 41.5% 提升到 2019 年的 55.2%；2019 年新能源发电量 7411 亿 kW·h，同比增长 16.9%，在可再生能源总发电量中，占比从 2016 年的 24.1% 提升到 2019 年的 36.3%。

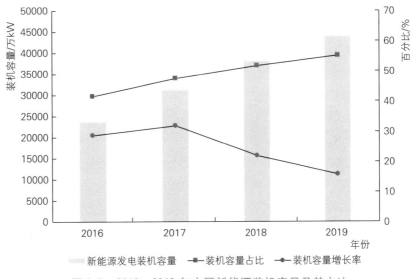

图 2.6　2016—2019 年中国新能源装机容量及其占比

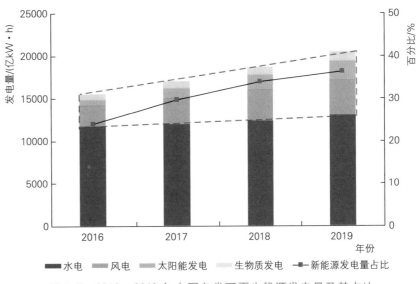

图 2.7　2016—2019 年中国各类可再生能源发电量及其占比

3

常规水电

3.1
资源概况

中国水力资源
技术可开发量为
6.87亿 kW

中国水力资源技术可开发量（见图 3.1）居世界首位。 根据水力资源最新复查统计成果，中国水力资源技术可开发量为 6.87 亿 kW，年发电量约 3 万亿 kW·h，与 2018 年相比无变化。

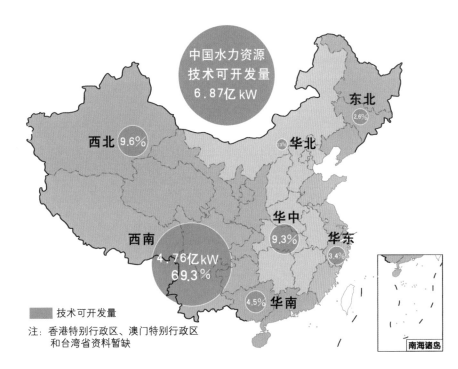

图 3.1 中国水力资源技术可开发量

3.2
发展现状

截至 2019 年年底，
中国常规水电已建装机容量
32611 万 kW
2019 年常规水电新增
投产规模约
384 万 kW

常规水电已建装机容量 32611 万 kW

截至 2019 年年底，中国常规水电已建装机容量 32611 万 kW，在建装机容量约 5400 万 kW，常规水电已建、在建总装机容量约 3.8 亿 kW，技术开发程度约为 55.3%，如图 3.2 所示。

2019 年常规水电新增投产规模约 384 万 kW，较 2018 年（724 万 kW）有所减少。 其中大中型水电项目主要包括松花江丰满（重建）水电站（60 万 kW/148 万 kW）、赣江龙头山水电站（24 万 kW）以及西南诸河部分电站等。

大中型常规水电站在建装机容量约 5400 万 kW，主要集中在西南地区

截至 2019 年年底，中国在建主要大中型常规水电站装机容量约 5400 万 kW，主要分布在四川、云南、西藏和青海等地区。 2019 年在建大中型常规水电站基本情况见表 3.1。

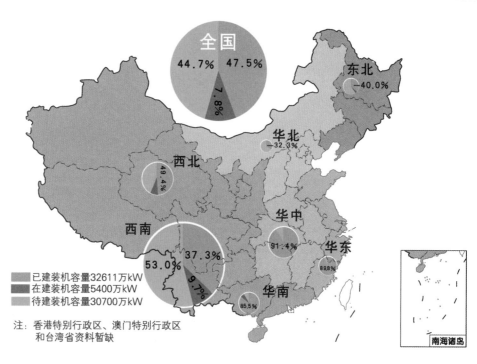

图 3.2　中国分区水力资源开发利用情况

表 3.1		2019 年在建大中型常规水电站基本情况					单位：万 kW		
流　域	电站名称	电站装机容量	在建装机容量	电站所在省（自治区、直辖市）					
				四川	云南	西藏	青海	广西	重庆
金沙江	叶巴滩	224	224	112		112			
	拉哇	200	200	100		100			
	巴塘	75	75	37.5		37.5			
	苏洼龙	120	120	60		60			
	金沙	56	56	56					
	银江	39	39	39					
	乌东德	1020	1020	510	510				
	白鹤滩	1600	1600	800	800				
黄河	玛尔挡	220	220				220		
雅砻江	两河口	300	300	300					
	杨房沟	150	150	150					
大渡河	巴拉	74.6	74.6	74.6					
	双江口	200	200	200					
	金川	86	86	86					
	硬梁包	111.6	111.6	111.6					
	绰斯甲	39.2	39.2	39.2					
红水河	大藤峡	160	160					160	
乌江	白马	48	48						48
其他大中型水电站		242	242		140	102			

大中型常规水电核准开工规模约 239 万 kW

2019 年，核准的大中型常规水电站有金沙江上游的拉哇水电站（200 万 kW）、绰斯甲河上的绰斯甲水电站（39.2 万 kW）。大中型常规水电核准开工规模共计 239.2 万 kW，与 2018 年基本持平，相较 2016 年（612 万 kW）、2017 年（1850 万 kW）新增开工规模明显减小（见表 3.2）。

表 3.2		2019 年核准大中型常规水电站基本情况				
流 域	电站名称	装机容量/万 kW	发电量/(亿 kW·h)	总投资/亿元	核准日期	核准机关
金沙江	拉哇	200	90.04	309.69	2019 年 1 月	国家发展改革委
大渡河	绰斯甲	39.2	14.83	46.07	2019 年 10 月	四川省发展改革委
合 计		239.2	104.87	355.76		

常规水电开发程度超过 55%

截至 2019 年年底，中国已建、在建水电总装机规模占技术可开发量的比例约为 55.3%，其中已建占 47.5%，在建占 7.8%，剩余待开发水力资源约 3 亿 kW。考虑水力资源开发的多方面制约因素，近中期全国潜在可开发水力资源约 1.1 亿~1.2 亿 kW。

从行政分区来看，未来水电开发将主要集中在西藏自治区。截至 2019 年年底，西藏自治区已建、在建水电装机规模仅占技术可开发量的 3.2%，未来水电发展潜力巨大。

从流域分布来看，中国水能资源主要集中在金沙江、长江、雅砻江、黄河、大渡河、南盘江-红水河、乌江和西南诸河等流域，上述流域技术开发量总计约 3.74 亿 kW，占全国资源量的一半以上。

截至 2019 年年底，上述主要流域已建常规水电装机规模 14906 万 kW，占全国已建常规水电装机规模的比例为 45.7%。其中，乌江、南盘江-红水河、大渡河、金沙江、长江上游等 5 条河流开发程度较高，已达 80% 以上；雅砻江、黄河上游已建、在建比例为 60%~70%，还有一定的发展潜力。中国水电开发的重点是西南诸河，已开发程度仅为 16% 左右，未来开发潜力大。

2019 年主要流域水电开发基本情况见表 3.3。

截至 2019 年年底，主要流域已建常规水电装机规模

14906 万 kW

占全国已建常规水电装机规模的比例为

45.7 %

表 3.3		2019 年主要流域水电开发基本情况			
序号	河流名称	技术可开发量 /万 kW	已建规模 /万 kW	在建规模 /万 kW	已建、在建 比例/%
1	金沙江	8158	3236	3334	80.53
2	长江上游	3128	2522	0	80.63
3	雅砻江	2881	1470	450	66.64
4	黄河上游	2665	1438	330	66.34
5	大渡河	2497	1737	398	85.50
6	南盘江-红水河	1508	1208	160	90.72
7	乌江	1158	1110	48	100.00
8	西南诸河	15373	2186	242	15.79
	合　计	37368	14906	4962	53.17

注　已建、在建规模按电站统计，不按机组统计。

常规水电"十三五"规划新增投产和新开工装机规模目标完成率分别为 68.1%和 56.7%

"十三五"规划前四年（2016—2019 年），中国常规水电累计新增投产和新开工装机容量分别为 2960 万 kW 和 3400 万 kW，分别为"十三五"规划目标的 68.1%和 56.7%，详见表 3.4 和图 3.3。 新增投产主要集中在西南地区的金沙江、大渡河等重要水电基地。

表 3.4	常规水电"十三五"规划新增投产和新开工装机规模目标完成情况					
	新增投产装机规模			新开工装机规模		
项　目	"十三五" 规划目标 /万 kW	2016—2019 年 累计完成情况 /万 kW	目标 完成率 /%	"十三五" 规划目标 /万 kW	2016—2019 年 累计完成情况 /万 kW	目标 完成率 /%
常规水电	4349	2960	68.1	6000	3400	56.7

"十三五"期间，2016—2019 年的年发电量分别为 1.18 万亿 kW·h、1.19 万亿 kW·h、1.23 万亿 kW·h、1.30 万亿 kW·h，共计 4.90 万亿 kW·h，完成"十三五"规划目标（5.60 万亿 kW·h）的 87.5%，相应节约 14.7 亿 t 标准煤，减少排放二氧化碳 30.8 亿 t、二氧化硫 1096 万 t、氮氧化物 1141 万 t，对温室气体减排，做好大气污染防治，坚决打赢蓝天保卫战发挥了重要的作用。

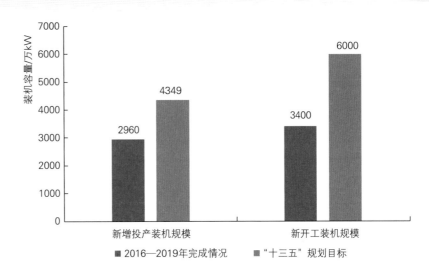

图 3.3 常规水电"十三五"规划新增投产和新开工装机规模目标完成情况

3.3 前期工作

水电前期项目储备总体有限，四川、云南仍具潜力

规划待开发常规水电资源主要分布在金沙江、雅砻江、大渡河、黄河干流及西南诸河等流域。基于已批复的河流水电规划，截至 2019 年，正在开展前期工作的大中型水电站项目装机规模合计约 3000 万 kW，其中，金沙江干流 5 个电站装机规模约 750 万 kW；雅砻江干流中游河段 5 个电站装机规模约 740 万 kW；大渡河干流 5 个电站装机规模约 300 万 kW；黄河干流 2 个电站装机规模约 400 万 kW；西南诸河 11 个电站装机规模约 900 万 kW。

2019 年，黄河上游（龙羊峡—青铜峡河段）和雅砻江中下游（两河口—江口河段）水电规划调整工作持续推进。四川绰斯甲河绰斯甲水电站（39.2 万 kW）、金沙江金安桥水电站扩机（60 万 kW）和李家峡水电站扩机（40 万 kW）工程，共计 139.2 万 kW 常规水电完成了可行性研究工作。2019 年 3 个项目正在开展预可行性研究，25 个项目正在开展可行性研究。

3.4 投资建设

2019 年，常规水电在建工程完成投资约 656 亿元，同比增加超过 20%。2019 年核准的常规水电工程单位千瓦平均投资约 14900 元。清洁能源重大工程、促进地方发展的民生工程、提质增效挖潜改造的扩机工程等正在持续推进。

建设管理规范有序，工程质量安全受控

2019 年，金沙江乌东德水电站，黄河积石峡水电站，湖北娄水江坪河水电站，吉林丰满水电站全面治理（重建）工程开展了蓄水安全鉴定工作；金沙江溪洛渡、观音岩水电站，四川硕曲河去学水电站，新疆阿克牙孜河斯木塔斯水电站等开展了竣工安全鉴定工作；金沙江乌东德水电站，吉林丰满水电站全面治理（重建）工程，黄河积石峡水电站（第三阶段），湖北娄水江坪河水电站（第一阶段），云南宣威万家口子水电站（第二阶段）等完成了阶段蓄水验收；大渡河黄金坪、猴子岩水电站，黄河直岗拉卡水电站，红水河平班水电站等完成了枢纽竣工验收；云南大盈江（四级）水电站完成了工程竣工验收。65 项水电工程开展了质量监督工作，包括了金沙江乌东德、叶巴滩、苏洼龙、拉哇、巴塘水电站，雅砻江两河口、杨房沟水电站，大渡河双江口、硬梁包、猴子岩水电站，吉林丰满水电站全面治理（重建）工程等。通过安全鉴定、质量监督和验收工作，工程质量安全体系健全，工作过程中及时排除了重大安全隐患，工程质量可控。

3.5 运行管理

流域水电综合监测工作持续推进

在国家能源局的指导下，2019 年国家可再生能源信息管理中心持续推进流域水电综合监测工作。截至 2019 年年底，流域水电综合监测已完成全国主要流域 273 座水电站在线监测数据接入工作，总装机容量 1.89 亿 kW，占常规水电总装机容量的 58%，其中的 203 座水电站具有相对完整的数据系列，流域水电综合监测范围涉及四川、云南、贵州、广西、福建、湖南、青海、湖北、江西、甘肃、陕西、重庆、浙江、宁夏、新疆等 15 个省（自治区、直辖市），金沙江中下游、雅砻江干流下游、大渡河、乌江、长江干流上游、黄河干流上游、南盘江-红水河、嘉陵江、闽江、清江等主要河流，统计规模包括 93 座 30 万 kW 以上大型水电站，占全国大型水电站总装机容量的 89%。流域水电综合监测已覆盖全国主要流域的大部分大中型水电工程，对全国大中型水电站的消纳运行分析具有一定的代表性，并将随着流域水电综合监测规模范围的不断拓展，逐步成为水电消纳运行管理的重要手段。

加强流域综合监测及水能利用分析

2019 年，中国水电总装机容量 35640 万 kW，年发电量 13019 亿 kW·h，同比提高 5.7%，占全国发电量的 17.8%。全国水电平均利用小时数 3726h，比 2018 年增加 119h。根据流域水电综合监测数据，监测范围内水电站总发电量 7446.18 亿 kW·h，同比增加 5.9%；总弃水电量 311.42

亿 kW·h，比 2018 年减少 287.96 亿 kW·h；水电站平均装机利用小时数 4180h，比 2018 年增加 234h。 2019 年，全国主要流域有效水能利用率 96.0%，同比提高 4.2%。 其中，四川省水电弃水情况比 2018 年有较大改善，水电弃水电量 269 亿 kW·h，比 2018 年减少 141 亿 kW·h；有效水能利用率 89.75%，同比提高 5.89%；但是由于省内局部电网网架薄弱、外送通道输电能力受限、流域调蓄能力较弱等原因，大渡河、雅砻江等流域弃水问题仍然存在。 云南省弃水情况显著好转，主要流域弃水电量 12 亿 kW·h，比 2018 年减少 131 亿 kW·h；有效水能利用率 99.39%，同比提高 7.38%；水能利用率大幅提高，弃水电量明显减少，主要归因于统筹协调流域梯级和跨流域电站运行调度，充分发挥南方电网大平台作用，积极协调增加外送电量，开展跨省跨区市场化交易，促进云南清洁能源在更大范围优化配置和充分消纳；积极培育省内用电市场，大力支持工业企业用电需求，科学布局清洁载能产业发展，明显改善全省电力供需形势，为清洁能源本地消纳提供基础。

为了进一步促进西南地区水电消纳，提高梯级水电有效水能利用率，还可从以下方面开展工作：一要开展流域梯级中长期和短期水情预报预测，统筹流域梯级电站协调联合运行；二要推动龙头水库建设，提高流域调蓄能力；三要加快乌东德、白鹤滩水电站外送通道建设，促进水电跨省跨网跨区消纳；四要推进四川省康定至蜀都改接和串补等 500kV 水电外送工程建设，统筹兼顾雅康、攀西 500kV 水电通道输电能力，积极促进跨省特高压直流通道建设；五要以流域水电基地为依托，开展水风光互补研究，提升可再生能源整体利用效率。

加强水电大坝安全应急管理工作

为深入贯彻习近平总书记关于安全与应急系列重要讲话精神，根据国家能源局印发的《电力行业应急能力建设行动计划（2018—2020 年）》，水电水利规划设计总院组织流域水电开发公司对标国际有益做法，先后赴加拿大、瑞士，与两国大坝安全监管部门及相关企业，就流域水电大坝安全管理、监管理念和规则、安全设计标准和方法、应急管理等内容开展了技术交流与研讨。

2019 年 9 月 6 日，流域水电安全与应急管理信息平台建设推进会在北京召开，国家及相关省级能源主管部门、流域水电开发公司等就流域水电安全与应急管理信息平台建设的必要性、重要性、紧迫性及相关建设工作方案达成共识。 流域水电安全与应急管理信息平台相关工作有序推进。

完成金沙江上游水电梯级风险评估工作

金沙江上游水能资源丰富,是中国重要的水电基地。这一区域地形地质条件复杂,特别是 2018 年西藏自治区昌都市江达县白格村连续两次发生山体滑坡形成堰塞湖,对流域在建水电工程造成影响。为了进一步做好金沙江水电开发建设风险应对工作,响应国家能源局要求,2019 年水电水利规划设计总院组织 12 家单位,历时 8 个月,对该区域潜在不良地质体及电站建设地质灾害情况进行系统排查和梳理。评估认为,不良地质体不影响金沙江上游水电梯级规划开发格局;随着苏洼龙、叶巴滩等电站的相继建设和投运,将通过合理的水库调度,逐步消除突发洪水对下游梯级的影响,水电工程将在流域防灾减灾中发挥巨大作用。

该评估在流域梯级电站规划实施、建设时序、设计标准、工程处理措施、建设运行管理、应急预案等方面,针对不良地质体提出了系统解决方案,确保工程建设运行和流域安全。金沙江上游水电梯级风险评估工作顺利完成。

3.6 技术进步

2019 年水电行业在工程建设、勘测设计、装备制造、施工技术、运行管理等方面都取得了很多成绩和技术进步。

在工程建设方面,一批大型工程获得国内和国际上的重要工程技术奖项。长江三峡枢纽工程获得了国家科学技术进步奖特等奖,其设计、建设和运行都面临着复杂的世界级技术难题,数万名科技工作者经过数十年的联合攻关,在枢纽总体布置和枢纽工程、巨型水轮发电机组设计制造、工程运行和生态环境保护、工程管理等方面取得一系列重大技术突破,创造了 112 项世界之最,拥有 934 项发明专利,编制了 135 项"三峡工程质量标准",有力带动了中国水利水电事业发展。三峡工程的研究成果已在国内外大中型水利水电工程中得到广泛应用,使中国从水利水电大国变成强国,成为中国走向世界的一张新名片。锦屏二级、小湾、三峡升船机获得 2019 年国际咨询工程师联合会奖,代表了世界工程建设领域最高水平。黄登水电站荣获第四届碾压混凝土坝国际里程碑奖,从中取出的一根直径 193mm、长 24.6m 的碾压混凝土芯样,是当时世界上最长的碾压混凝土芯样,证明了黄登大坝的高标准建设质量。四川大岗山水电站作为超高地震烈度区特高拱坝建设的经典之作,获得第十七届中国土木工程詹天佑奖。

在勘测设计方面，中国标准国际化为中国水电走出去助力，高坝设计多项技术取得突破，勘测设计数字化进一步发展。中国电建集团成都勘测设计研究院有限公司牵头完成的"300m 级特高拱坝安全控制关键技术及工程应用"获得国家科学技术进步奖二等奖，取得了特高拱坝安全控制方法体系与成套技术、防震抗震设计方法与安全评价体系、施工动态反馈设计技术和运行安全评价体系等突破性创新成果。为促进中国标准国际化、推进国家"一带一路"建设，突破国际工程技术标准瓶颈，水电水利规划设计总院牵头完成了"国际水电工程技术标准研究与应用"和"中国水电技术标准走出去课题研究"，并获得了 2019 年水力发电科学技术奖。大连理工大学牵头完成了"高土石坝地震灾变模拟与工程应用"，初步实现了高土石坝地震灾变过程的精细化模拟和科学预测，为保障中国 300m 级高土石坝的安全建设和运营提供了重要技术支撑。

在装备制造改进方面，水轮机制造关键技术仍是研究热点。中国电建集团华东勘测设计研究院有限公司完成了"特大型灯泡贯流式机组水电站机电设计关键技术及工程应用"研究，其承担勘测设计的大渡河沙坪二级水电站，电站总装机容量 348MW，装设了 6 台单机容量 58MW 灯泡贯流式机组，为国内单机容量最大的灯泡贯流式机组。松花江水力发电有限公司完成了"大型混流式水轮机高稳定性宽范围调节关键技术与应用"研究，其成果将为全国老旧水轮机改造升级提供技术和数据支撑。

在施工技术改进方面，智能化、数字化、无人化成为关键词，不利地形复杂条件下施工技术取得进步。中国三峡建设管理有限公司牵头完成了"水利水电工程水泥灌浆智能控制关键技术和成套设备"研究，通过网络通信技术将智能灌浆单元与中央服务器系统连接，实现工艺自动控制、水泥浆液自动配置、压力自动调节、数据自动记录、信息联网灌浆成果自动汇总的水泥灌浆工程全过程自动化与智能化的成套设备。华能澜沧江水电股份有限公司牵头完成了"狭窄河谷碾压混凝土坝建设关键技术"研究，针对具有地质条件复杂、泄流量大、水头高和地震烈度高特点的狭窄河谷混凝土坝施工给出解决方案。清华大学牵头完成了"土石坝智能碾压技术及其工程应用"，可采用无人驾驶的振动碾压机来碾压大坝，并用声波自动检测碾压密实度。

在运行管理方面，随着各大流域梯级电站群的形成，"发"和"消"是运行的核心目标，梯级联合发电调度和多目标调度、电量消纳方式、多能互补方式研究成为研究的热点。大连理工大学联合中国南方电网有限责任公司等完成的"亿千瓦级水电系统跨省跨区消纳基础理论及关键技术"研究，将水电系统的运行发电优化发展到了亿级规模。现阶段各大流域梯级电站群逐步形成，行业工作重点由前期建设转向后期运营，鉴于此，水电水利规划设计总院牵头开展了"水电工程水文气象重大关键技术应用研究"，涵盖长中短期气象预报、水文预报、发电、防洪、多目标调度，以及防灾减灾预报预警等技术。

3.7
发展特点

常规水电在能源转型中发挥"基石"作用

常规水电在能源转型过程中主要发挥两方面的重要作用。一是已建水电站除了可以提供大量的清洁、零碳电量外，其中具有调节能力的电站，尤其是具有多年调节能力的龙头水库电站，还可以大幅提高电力系统的灵活性，对于促进新能源消纳、适应高比例新能源发展的需要等具有重要的意义。二是西部地区还有超过 1 亿 kW 的水力资源可以开发，年发电量超过 4000 亿 kW·h，潜在节能减排效益和对电力系统的支撑作用十分巨大。截至 2019 年年底，中国水电总装机容量 35640 万 kW（含抽水蓄能电站 3029 万 kW），在全国总装机、非化石能源装机、可再生能源发电装机容量中的比例分别是 17.7%、42.3%、44.9%，是电力系统的骨干电源。2019 年，中国水电发电量 13019 亿 kW·h，在全国总发电量、非化石能源发电量、可再生能源发电量中的比例分别是 17.8%、54.4%、63.7%，发挥了主要的节能减排作用。水电的开发建设对实现中国非化石能源发展目标意义重大，同时也为促进国民经济和社会可持续发展提供了重要能源保障。

项目经济性成为水电投资开发的重要考量

随着水电向西部河流上游地区布局，受地理位置、地形地质、资源条件、施工难度、交通运输、环境敏感因素等多方面影响，水电开发成本有整体上升趋势，市场竞争力总体下降，给项目投资开发决策带来直接影响，部分经济性较好的项目成为择优开发的重点。

根据统计，2016—2019 年核准的主要大型常规电站工程单位千瓦动态投资平均值约为 12100 元，单位电度动态投资平均值约为 3.0 元，表明近期核准开工建设电站的经济性仍是较好的，在目标消纳市场具有一定的市场竞争力。

水电建设在脱贫攻坚中发挥重要作用

《能源发展"十三五"规划》明确指出,要"坚持能源发展和脱贫攻坚有机结合,推进能源扶贫工程,重大能源工程优先支持革命老区、民族地区、边疆地区和集中连片贫困地区"。 2019 年,国家能源局印发《2019 年脱贫攻坚工作要点》,明确要求"在确保生态安全的前提下,有序推动'三区三州'等贫困地区大型水电基地建设"。 截至 2019 年年底,列入国务院《"十三五"脱贫攻坚规划》的金沙江白鹤滩、叶巴滩,大渡河硬梁包,黄河上游玛尔挡等大型水电项目已陆续核准、开工,预计总投资规模超过 2500 亿元。 在水电建设过程中,除了可以通过拆迁补偿、库区扶持等形式,直接带动贫困人口精准脱贫外,还能有力带动当地相关产业发展,改善当地基础设施,同时为当地政府提供大量的税收,对助力如期打赢脱贫攻坚战、实现全面建成小康社会的目标具有重要意义。 以 2019 年核准金沙江拉哇水电站为例,工程位于"三区三州"深度贫困地区,核准项目总投资 309.69 亿元。 根据初步测算,仅工程建设期的税收贡献就将超过 18 亿元,运行期间每年还可为地方政府提供 2 亿元以上的税收,对于当地的财政支撑作用十分显著,具有很强的"造血"能力。

3.8
趋势展望

水电在电力系统中的传统功能定位正在发生转变

随着能源结构向清洁低碳转型,新能源利用迅速发展,目前中国非水可再生能源发电量占比为 8.7%。 根据欧洲经验表明,电网在不增加额外成本的情况下接纳 15%～20% 的波动性风光电力不会影响电力系统安全运行,但是随着风光电力渗透率的进一步提升,将会给电力系统的安全稳定运行带来严峻挑战。 水电具有启停迅速,所带负荷可进行大范围调节,负荷变动不受时间限制,启停过程操作方便、灵活的特点,在电力系统中适合担任调频、调峰、调相、备用等任务,动态性能十分理想。 基于水电优良的运行特点,在未来高比例可再生能源的电力系统中,水电发展的功能定位将从电量为主逐渐转变为容量支撑,并可以通过增容改造来进一步提高调节能力,在满足新能源大规模外送需要、平抑本地电网区外来电冲击与新能源出力的波动、提升系统整体资源利用效率等方面发挥重要的作用。

水风光一体化是推动能源转型发展的重要路径之一

水、风、光等可再生能源具有较好的出力互补特性。"十四五"期间，依托已建、在建或规划水电基地（抽水蓄能电站），抓住风、光等新能源即将全面进入平价、低价的历史机遇，在川、滇、藏等可再生能源资源丰富的地方，大力推动水风光一体化发展已经成为未来可再生能源发展的重点方向之一。 通过常规水电扩机增容、储能改造或者利用已经形成的调节能力，配合风、光电间歇性电源运行，平抑风、光电发电出力变幅，统筹本地消纳和外送，综合建设无国家补贴的光伏、风电等新能源项目，规划、布局、建设一批水风光一体化可再生能源综合开发基地，对加快风、光等新能源发展、促进水电可持续发展、提升水电开发经济性、提高外送通道利用率等方面都具有十分重要的意义，同时也会对在国际上开展水风光一体化基地建设起到良好的示范作用。

"十二大水电基地"开发进入收尾阶段

1989 年，在原电力工业部主持下，经过充分的研究论证，水电水利规划设计总院提出了以"十二大水电基地"为核心的水电发展蓝图。 其中，湘西、闽浙赣、东北、黄河中游北干流等四大水电基地在"十三五"之前已经基本开发完成。"十三五"期间，随着金沙江白鹤滩等大型水电（水利）工程开工，中国长江上游、黄河上游、乌江、红水河、雅砻江、大渡河、金沙江等 8 个大型水电基地开发布局也已基本完成，已建、在建开发比例均在 2/3 以上。 经过 30 年坚持不懈的努力，"十二大水电基地"的宏伟设想已基本完成。 下一步建设的重点任务：一是继续完善基地布局，安全、有序推进乌东德、白鹤滩、两江口、双江口等在建大型水电站建设，加快推进岗托、龙盘等龙头水库电站前期工作，提高流域梯级电站综合利用效益；二是积极推动水风光一体化基地建设。

未来水电的开发重点主要在西藏自治区

未来常规水电开发潜力主要集中在西藏自治区。 目前中国剩余技术可开发水力资源在 3 亿 kW 左右，但考虑建设条件、环境保护、水库移民、经济性、市场消纳等多方面的因素，经过综合研判，2035 年前可能开发的大中型水电站装机规模为 11000 万 ~ 12000 万 kW，其中西藏自治区约有 8000 万 kW。 这些电站全部建成后，每年可以提供 4000 亿 kW·h 左右的清洁电力，大约相当于节约 1.2 亿 t 的标准煤。 此外，四川、云南两省也还有一定的发展空间。

在生态优先前提下积极有序推进大型水电基地建设

"十五""十一五""十二五"期间，中国常规水电的年均投产速度分别为 726 万 kW、1782 万 kW 和 1944 万 kW。"十三五"前四年，常规水电年均新增投产装机容量 744 万 kW，低于"十一五"和"十二五"期间的投产速度，和"十五"期间相当。 2019 年，常规水电新增投产装机容量 384 万 kW，创 2003 年以来新低。 2020 年，随着乌东德、大藤峡、加查、丰满（重建）等大型水电（水利）工程部分机组陆续投运，投产规模将有所回升，预计在 2020 年年底常规水电装机容量可以达到 3.35 亿 kW 左右。 考虑到常规水电 5400 万 kW 左右的在建存量，按照合理建设工期，未来五年的常规水电仍会迎来一个投产高峰。

"十四五"期间，随着正在建设的乌东德、白鹤滩、两河口、双江口等骨干水电工程陆续建成、投产，届时生态环境友好、防洪体系完善、水能水资源利用高效、移民共享利益、航运高效通达、山川风光秀美、人水自然和谐的"十二大水电基地"开发格局将初步形成，流域管理进一步完善，水电弃水问题基本得到解决。 到 2025 年，预计全国常规水电装机规模可以达到 3.8 亿 kW 左右。 其中，西南地区装机规模 2.2 亿 kW，西北地区 4000 万 kW，其他地区 1.2 亿 kW。

"十四五"期间，经初步分析，常规水电预计还可新增开工 2000 万 ~ 3000 万 kW。

3.9 发展建议

强化水电开发统筹协调机制

完善水电工程全生命周期综合评价体系，合理评估水电项目的社会效益和经济效益。 设立流域梯级补偿机制，平抑龙头水库投资成本，调动战略性工程的投资积极性。 建立政策协调机制，构建与国土空间规划相协调的水能资源开发、保护格局。 落实生态保护功能要求，坚持在开发中保护、在保护中开发的理念，促进水电和生态环境协调发展。 完善与移民切身利益直接相关的土地、房屋等补偿政策，探索与少数民族地区农村经济结构、资源禀赋条件相适应的多渠道安置方式。 鼓励水风光一体化发展，试点推进黄河梯级电站大型储能项目建设，为流域综合能源清洁基地建设提供政策支持。

加大促进水电发展政策支持力度

给予水电与承担功能相匹配的财税支持政策，加大对西南地区水电基地开发的财税政策支持倾斜，实施增值税返还、所得税减免，完善水电行业税费政策。 制定税费分配机制，统筹协调中央与地方共享税分配关系，加大地方所得税留存并向资源地倾斜。 完善可再生能源配额考核政策，建立包括水电在内的绿色证书发放体系。 建立水电外送电价滚动调整机制。 进一步完善辅助服务市场交易规则，体现水电容量价值，促进水电扩机增容。

开展水电运行管理研究

完善流域水电综合监测平台智能化建设，整合水电运行、调度数据，动态监测管理水电运行；结合水情自动测报系统，进行水电中长期出力预测研究。 推动重点水电能源基地水生生态保护与修复；探索流域生态补偿实施的政策机制。 做好水电站大坝安全隐患排查治理，强化全过程安全监管机制，建立重大技术问题跟踪评价和运行期安全鉴定制度；推进流域梯级防灾减灾与应急管理能力建设和风险评估技术标准体系建设；加快建设流域水电安全与应急管理信息平台，推进流域水电应急管理体系和能力现代化，增强防灾减灾应急管理能力。

4

抽水蓄能

4.1
站点资源

根据国家能源局要求，截至 2019 年年底，中国已开展 25 个省（自治区、直辖市）的抽水蓄能电站选点规划或选点规划调整工作。 根据抽水蓄能电站已建、在建装机容量和国家能源局已批复的抽水蓄能电站选点规划或规划调整成果，截至 2019 年统计数据，中国抽水蓄能规划站点总装机容量约 12000 万 kW，如图 4.1 所示。

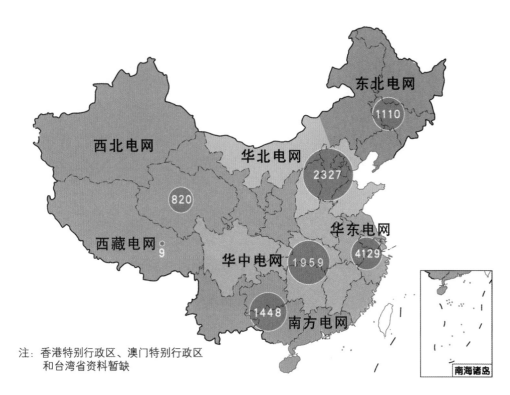

注：香港特别行政区、澳门特别行政区和台湾省资料暂缺

图 4.1　抽水蓄能电站规划站点分布图(单位：万 kW)

4.2
发展现状

2019 年中国核准开工建设抽水蓄能电站装机规模

688 万 kW

华北电网

440 万 kW

华东电网

248 万 kW

截至 2019 年年底，中国抽水蓄能电站总装机规模 3029 万 kW，华北、华东、华中、东北、南方、西藏区域电网装机规模分别为 547 万 kW、1036 万 kW、499 万 kW、150 万 kW、788 万 kW、9 万 kW，华东区域电网抽水蓄能电站装机规模最大，其次是南方和华北区域电网，如图 4.2 所示。

抽水蓄能电站开工规模平稳增长

2019 年中国核准开工建设抽水蓄能电站装机规模 688 万 kW，分布在华北和华东电网区域，分别为 440 万 kW 和 248 万 kW。 与 2018 年核准规模 700 万 kW 相比，开工规模基本持平，增速平稳。 2019 年全国新增投产仅 30 万 kW（安徽绩溪抽水蓄能电站 1 台机组）。

图 4.2 抽水蓄能电站分区开发情况(单位:万 kW)

抽水蓄能在建电站主要集中在华北、华东区域

截至 2019 年年底,中国抽水蓄能电站在建总规模为 5063 万 kW,华北、东北、华东、西北、华中、南方区域电网装机规模分别为 1460 万 kW、680 万 kW、1683 万 kW、380 万 kW、620 万 kW、240 万 kW,华东电网在建规模最大,其次为华北电网,东北电网和华中电网在建规模也较大,详见表 4.1。

表 4.1			截至 2019 年年底中国在建抽水蓄能电站情况			单位:万 kW
序号	区域电网	省(自治区、直辖市)	电站名称	在建装机容量	机组构成	核准年度
1			丰宁一期	180	6×30	2012
2			丰宁二期	180	6×30	2015
3		河北	易县	120	4×30	2017
4			抚宁	120	4×30	2018
5			尚义	140	4×35	2019
6	华北	山西	垣曲	120	4×30	2019
7			文登	180	6×30	2014
8		山东	沂蒙	120	4×30	2014
9			潍坊	120	4×30	2018
10			泰安二期	180	6×30	2019

续表

序号	区域电网	省（自治区、直辖市）	电站名称	在建装机容量	机组构成	核准年度
11		黑龙江	荒沟	120	4×30	2012
12		吉林	敦化	140	4×35	2012
13	东北		蛟河	120	4×30	2018
14		辽宁	清原	180	6×30	2016
15		内蒙古（蒙东）	芝瑞	120	4×30	2017
16			长龙山	210	6×35	2015
17			宁海	140	4×35	2017
18		浙江	缙云	180	6×30	2017
19			衢江	120	4×30	2018
20			磐安	120	4×30	2019
21	华东	江苏	句容	135	6×22.5	2016
22			绩溪	150	5×30	2012
23		安徽	金寨	120	4×30	2014
24			桐城	128	4×32	2019
25			厦门	140	4×35	2016
26		福建	永泰	120	4×30	2016
27			周宁	120	4×30	2016
28		陕西	镇安	140	4×35	2016
29	西北	新疆	阜康	120	4×30	2016
30			哈密	120	4×30	2018
31		重庆	蟠龙	120	4×30	2014
32			天池	120	4×30	2014
33	华中	河南	洛宁	140	4×35	2017
34			五岳	100	4×25	2018
35		湖南	平江	140	4×35	2017
36	南方	广东	梅州一期	120	4×30	2015
37			阳江一期	120	3×40	2015
	全国总计			5063		

2016—2019 年，全国新开工抽水蓄能电站装机容量

3183 万 kW

2016—2019 年，全国新开工抽水蓄能电站装机容量 3183 万 kW，为"十三五"规划目标的 53.1%；截至 2019 年投产抽水蓄能电站装机容量 3029 万 kW，为 2020 年规划目标的 75.7%（见表 4.2）。

表 4.2　　　　　"十三五"抽水蓄能电站新开工和累计投产规划目标完成情况

项　目	新开工装机规模			投产装机规模		
	"十三五"规划目标/万 kW	2016—2019 年累计完成情况/万 kW	目标完成率/%	2020 年规划目标/万 kW	截至 2019 年累计完成情况/万 kW	目标完成率/%
抽水蓄能电站	6000	3183	53.1	4000	3029	75.7

从"十三五"期间分区域实际发展情况分析，抽水蓄能新增投产装机规模主要集中在华东、华中、南方电网区域，与目标相比仍有一定差距；从抽水蓄能电站新开工规模来看，除华东和西北电网区域超过规划目标的 50％外，其余区域电网开工规模目标完成率较低，详见表 4.3 和图 4.3。

表 4.3　　　　　　"十三五"抽水蓄能电站分区域电网发展情况

单位：万 kW

区域电网	装机容量目标规模		新开工装机规模	
	2020 年规划目标	截至 2019 年累计完成情况	"十三五"规划目标	2016—2019 年累计完成情况
华北	847	547	1200	800
华东	1276	1036	1600	1203
华中	679	499	1300	380
东北	350	150	1000	420
西北			600	380
南方	788	788	300	0
西藏	9	9		
合计	3949	3029	6000	3183

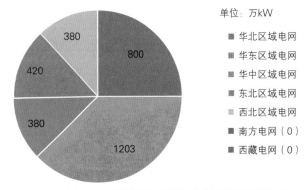

单位：万kW
- 华北区域电网
- 华东区域电网
- 华中区域电网
- 东北区域电网
- 西北区域电网
- 南方电网（0）
- 西藏电网（0）

图 4.3　"十三五"期间抽水蓄能电站新开工规模分布

4.3
前期工作

2019 年，国家能源局批复了青海和贵州抽水蓄能电站选点规划。青海哇让（240 万 kW）、贵州贵阳（120 万 kW）和黔南（120 万 kW）作为 2025 水平年规划新增站点。 河北、湖北、山东和新疆的抽水蓄能电站选点规划调整正在开展工作。 浙江天台（170 万 kW）和广西南宁（120 万 kW）抽水蓄能电站完成了预可行性研究。 山西浑源（150 万 kW）、浙江磐安（120 万 kW）、安徽桐城（128 万 kW）、山东泰安二期（180 万 kW）、河北尚义（140 万 kW）、山西垣曲（120 万 kW）及福建云霄（180 万 kW），共计 1018 万 kW 抽水蓄能电站完成了可行性研究。

2019 年，全国范围有 26 个站点正在开展前期工作，包括 9 个项目正在开展预可行性研究，17 个项目正在进行可行性研究，总计约 3370 万 kW。 其中，东北电网 3 个站点装机规模 300 万 kW，华北电网 3 个站点 340 万 kW，华中电网 8 个站点 980 万 kW，华东电网 7 个站点 1070 万 kW，西北电网 3 个站点 440 万 kW，南方电网 2 个站点 240 万 kW。

4.4
投资建设

2019 年，全国抽水蓄能电站在建工程完成投资约 158 亿元，同比增加约 2%。 2019 年核准的抽水蓄能电站工程平均单位千瓦投资约 6000 元，站点资源比较充足，建设条件基本未发生重大变化，投资变化随物价呈小幅波动。

建设管理规范协调，工程建设质量可控

2019 年，吉林敦化等抽水蓄能电站开展了蓄水安全鉴定工作；深圳抽水蓄能电站和海南抽水蓄能电站开展了竣工安全鉴定工作；安徽绩溪抽水蓄能电站上水库和吉林敦化抽水蓄能电站下水库完成了蓄水验收；内蒙古呼和浩特、浙江仙居、海南琼中和深圳等多个抽水蓄能电站顺利通过竣工阶段枢纽工程专项验收；江西洪屏抽水蓄能电站圆满完成项目竣工验收。 30 项抽水蓄能电站完成了质量监督工作，包括黑龙江荒沟，辽宁清原，河北丰宁，山东沂蒙，河南天池，浙江长龙山、宁海，福建厦门、永泰、周宁，广东梅州、阳江等抽水蓄能电站工程。 通过抽水蓄能电站安全鉴定、质量监督和验收检验，工程质量安全体系逐步健全，项目质量总体可控。

4.5
运行管理

保障电力系统安全稳定运行，助力清洁能源电力消纳

抽水蓄能是技术成熟、清洁高效、经济安全的电力系统优质调节手

段。 随着新能源、核电等清洁能源发电在电力系统快速增长，抽水蓄能电站凭借其灵活的运行方式、卓越的调峰能力、快速的反应速度和良好的经济指标，重要性日益显现。 福建仙游抽水蓄能电站在丰水期夜间负荷低谷时段满负荷抽水工况运行，保证了核电满发，同时避免水电厂产生调峰弃水损失电量。 华东电网抽水蓄能电站在汛期夜间负荷低谷时段加大抽水，缓解负荷低谷时期电网调峰困难，助力华东地区消纳西南水电。 东北地区新能源装机容量超过 4000 万 kW，夜间负荷低谷时段风电消纳困难。 东北电网蒲石河、白山抽水蓄能电站配合风电运行消纳。目前在运抽水蓄能电站可助力多消纳新能源电量超过 350 亿 kW·h，在促进清洁能源消纳方面发挥了重要作用。 抽水蓄能电站还承担电力系统紧急事故备用、黑启动等多种功能。 全国 9 座抽水蓄能电站是当地电力系统第一黑启动电源，为社会用电安全提供保障。 在运电站机组启动成功率达 99.9%，综合效率 78%。 抽水蓄能电站的作用主要体现在两方面：一是根据经济社会发展，面向负荷中心电力需求，保障电力系统安全运行和电力可靠供应；二是促进风电、光伏、核电等多品种能源协同互济，通过抽水蓄能电站容量配置和配合运行，支持清洁能源大规模开发利用。

2012 年，国家能源局发布《抽水蓄能可逆式发电电动机运行规程》（DL/T 305—2012），对抽水蓄能发电电动机的基本运行工况、运行操作、运行监视、运行分析等提出技术要求。 2013 年，《国家能源局关于加强抽水蓄能电站运行管理工作的通知》（国能新能〔2013〕243 号）要求高度重视抽水蓄能电站运行管理工作，应充分发挥其调峰填谷作用，加快制定运行调度规程，建立健全考核监督制度，不断完善运行管理机制。 目前，抽水蓄能电站按照《电网运行准则》（GB/T 31464—2015）执行，主要由电网公司负责运行管理。

4.6
技术进步

抽水蓄能技术进步主要集中在装备制造和改进方面，为实现蓄能机组极限条件下稳定运行提供了技术支撑。 哈尔滨电机厂有限责任公司完成了"溧阳宽变幅水头高稳定性抽水蓄能机组关键技术研究与应用"，经鉴定认为该产品整体技术达到国际先进水平，其中 S 形特性水力技术和双向单波纹弹性油箱技术达到国际领先水平；技术创新成果已在后续大型抽水蓄能机组研发中推广运用，取得了显著的经济效益和社会效益。 广东蓄能发电有限公司完成了"大型抽水蓄能电站监控系统上位机国产化改造技术和智能化故障诊断技术研究及应用"，解决了进口上位机系统运行中普遍存在的硬件老化和软件功能缺失等问题。

4.7
发展特点

抽水蓄能电站是构建现代能源体系的"助力器"

抽水蓄能电站是现代智能电网发展的必然产物，成为构建清洁低碳、安全稳定、经济高效的现代电力系统的重要组成部分。 抽水蓄能电站具有调峰、填谷、调频、调相、储能、保安、事故备用和黑启动等多种功能，是保障电力系统安全、可靠、稳定、经济运行的有效途径。 抽水蓄能电站可与新能源联合协调运行，显著提高新能源资源利用率，有效缓解弃风、弃光；可与核电配合发展运行，有力保障核电稳定运行，提高其运行效益、安全性和经济性；可减小系统火电调峰幅度，改善煤电机组运行条件，降低系统燃料消耗与运行成本，促进环境保护，提高运行经济性；可作为负荷中心区域或电力输送的支撑电源，增强电力系统应对事故的能力，保障电力系统的安全可靠和稳定性。 抽水蓄能电站在电力系统中充分发挥"稳定器""调节器""平衡器""储能器"的作用，优化当地能源结构，推动清洁能源高效发展，促进节能减排和大气污染防治，提高电力系统的安全性、可靠性、稳定性和经济性，以推进实现能源资源和社会资源的整体优化配置。

抽水蓄能电站是现代智慧电力系统的"稳定器"

现代智慧电力系统的建设是实现"电力流、信息流、业务流"的高度一体化融合的现代电网，以特高压电网为骨干网架、各级电网协调发展的坚强网架为基础，推进电网大范围内的资源优化配置以及与之伴随的电力远距离、大规模输送，以满足经济快速发展对电力的发展需求。因此，电力系统需要配套具有更强适应性和安全性的支撑和保安电源。抽水蓄能电站启动灵活、调节速度快，是现代智慧电力系统的"稳定器"，可充分发挥调峰填谷、调频及快速跟踪负荷、负荷和事故备用、有功和无功调节、黑启动等服务功能，保证电网安全稳定运行，并大力提高供电质量。

可利用抽水蓄能满足电网负荷快速变化的需要，或顶替系统中因故障而停运的机组，起到负荷备用和事故备用的作用；可利用抽水蓄能的有功功率、无功功率双向、平稳、快捷的调节特性，承担特高压电力网的无功平衡和改善无功调节特性，对电力系统可起到非常重要的无功/电压动态支撑作用；与新能源等配套开发的抽水蓄能能够平抑风电、光电出力变幅及瞬时变率，减少新能源出力波动对电网安全的不利影响，提高新能源的消纳能力，保证输电系统的稳定调度运行。 对于配置具有黑启动能力的抽水蓄能电站，可在无外界帮助的情况下，迅速自启动，使电力系统在最短时间内恢复供电能力。

抽水蓄能电站开发建设进程总体平稳

抽水蓄能电站投资开发与建设总体上保持了积极稳妥、有序的发展态势。 目前抽水蓄能电站年度开工建设规模基本维持在 600 万～900 万 kW 的发展水平，年度新增投产规模基本维持在 100 万～400 万 kW 的发展水平。 相较于抽水蓄能电站"十三五"的发展规划目标（年度平均开工规模 1200 万 kW、年度平均新增投产规模 340 万 kW），目前的速度存在一定的滞后，但与世界抽水蓄能发展先进国家（日本、英国、法国、瑞士、美国等）相比，中国抽水蓄能发展规模已位居世界第一，发展速度很快。

抽水蓄能电站投资主体多元化形态初显

目前，抽水蓄能电站投资建设模式主要有电网企业独资建设、电网公司控股投资建设和非电网企业投资建设三种，大约 90％ 的已建抽水蓄能电站由电网公司独资建设或控股投资建设。 其中，中国国家电网有限公司经营电网区域主要由国网新源控股有限公司控股开发建设，中国南方电网有限责任公司经营电网区域主要由南网调峰调频发电公司控股开发建设抽水蓄能电站，目前国网新源控股有限公司是世界上最大的抽水蓄能电站投资建设运营单位。

近年来，非电网企业和社会资本投资开发抽水蓄能电站的热情和积极性持续增加，积极介入多个抽水蓄能项目的开发建设和前期工作。

4.8
趋势展望

"十四五"期间投产规模有望提速

抽水蓄能电站前期设计论证与开发建设周期长，仍需积极推进抽水蓄能电站投资开发建设进程，保证合理的抽水蓄能电站开发节奏，以满足电力发展对抽水蓄能的需求。 然而，抽水蓄能电站影响因素多且复杂，前期工作和开发建设过程中仍可能存在一定的不确定性，分析认为抽水蓄能电站建设仍基本保持现有的开工建设速度，投产速度可能较目前有所提高。

结合在建抽水蓄能电站的进展，预测到 2020 年抽水蓄能电站总装机规模将达到 3200 万 kW 左右。 由于黑龙江荒沟、吉林敦化、河北丰宁一期、山东文登和沂蒙、河南天池等项目建设进度的滞后，使得"十三五"实际投产规模滞后于"十三五"规划目标 4000 万 kW。 初步预计"十四五"期间年度平均投产规模约为 500 万～600 万 kW，到 2025 年投产总规模达到 6500 万 kW 左右。

抽水蓄能电站发展需求将持续增长

面对中国的能源发展新形势以及加快推进生态文明建设要求，中国正在积极构建清洁低碳安全高效的能源体系，优化能源结构，大力发展清洁能源，风电、光伏新能源的大规模开发并网发电，沿海省（直辖市）核电发展规模持续增加，全国范围内能源资源优化配置实现西部地区送电规模、东中部地区受电规模持续增加，由此电网调峰矛盾及需求将会持续增加，对电力系统的安全、稳定、经济运行也提出了更高的要求。 抽水蓄能电站作为绿色经济的大规模调峰电源和储能电源，在电力系统中发挥着可靠的容量作用，特别是在常规水电资源比较少的地区，是宝贵的容量配置资源，是适应可再生能源高比例发展的重要配套措施，是电力系统安全稳定运行的重要保障。 未来，中国仍需要发展一定规模的抽水蓄能电站。

根据中国对抽水蓄能电站的需求，结合抽水蓄能电站的资源规划，并考虑抽水蓄能电站的相关影响因素，预计 2025 年抽水蓄能需求规模约 1 亿 kW，2030 年需求规模约 1.4 亿 kW，目前抽水蓄能电站的开发建设规模和速度滞后于电力系统发展对抽水蓄能电站的需求。

抽水蓄能电站功能定位呈多样化

抽水蓄能电站作为电力系统的重要组成部分，目前服务对象主要是电力系统，承担着调峰、填谷、调频、调相、紧急事故备用和黑启动等功能，电站的功能和作用一般会根据电力系统运行需求研究确定。 然而，伴随着中国大规模新能源基地（风电、光伏等）的并网运行或外送，以及核电等清洁能源的开发建设，为提高新能源和核电能源资源利用效率、提高工程经济性和市场竞争力，配置一定规模的抽水蓄能电站是十分必要的，由此也将产生抽水蓄能电站的新类型，可称为电源侧抽水蓄能电站；针对服务于上述特定的对象，也可称之为大规模外送能源基地送端配置的抽水蓄能电站、核蓄一体化开发的抽水蓄能电站等。

同时，伴随流域清洁能源基地的大力推进，为更高效地利用水能资源，充分发挥梯级水库的调蓄能力，针对有调节能力的水库型电站，研究布局混合式抽水蓄能电站，可采用增建抽水泵或可逆机组等形式，如已建的白山抽水蓄能电站、正在研究的黄河梯级电站大型储能项目等。

4.9 发展建议

进一步完善抽水蓄能电站电价机制

在现行两部制电价机制的基础上，进一步完善电量电价机制，通过市场交易方式或协议方式，合理确定抽水电价和发电电价；进一步完善容量电价的实施细则，按照"谁受益、谁分担"的市场经济原则，以受益主体的收益为基础确定分担费用，明确具体的支付主体和支付方式，保证电站和投资主体的合理收益，促进抽水蓄能行业的持续健康发展。

不断加强抽水蓄能电站运行监管

建立健全监管和考核机制，研究制定抽水蓄能运行管理考核办法，落实责任主体，明确电站实际调度运行中的考核、监督办法和规定，制定电站运行指标考核标准，加强日常运行监管、可再生能源消纳监管及投资和电价监管，对电站功能和定位、运行和投资回收情况及时评价、反馈与调整，确保抽水蓄能电站科学规范运行，正确引导电站高效发挥自身的作用和效益。

5

风　电

5.1
资源概况

中国风能资源丰富，陆上"三北"地区与台湾海峡是全国风能资源最丰富区域。

中国陆上 70m、80m、100m 高度年平均风功率密度不小于 150W/m² 的风能资源技术开发量分别为 71.8 亿 kW、102.8 亿 kW 和 109.9 亿 kW。根据中国气象局风能太阳能资源中心发布的《2019 年中国风能太阳能资源年景公报》，各省（自治区、直辖市）陆地 70m 高度年平均风速为 4.0～6.6m/s，年平均风功率密度为 96.6～353.0W/m²，如图 5.1 所示。有 16 个省（自治区、直辖市）年平均风速超过 5.0m/s，其中黑龙江、吉林、西藏、内蒙古 4 省（自治区）年平均风速超过 6.0m/s，内蒙古全区年平均风速达 6.6m/s；有 21 个省（自治区、直辖市）年平均风功率密度超过 150W/m²，12 个省（自治区、直辖市）年平均风功率密度超过 200W/m²，其中黑龙江、吉林年平均风功率密度超过 300W/m²，内蒙古全区年平均风功率密度超过 350W/m²。

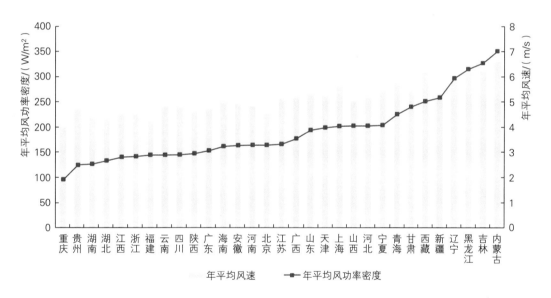

图 5.1　2019 年全国重点省份陆地 70m 高度年平均风速、风功率密度统计

中国近海风能资源丰富，主要集中在东南沿海及其附近岛屿，风功率密度基本都在 300W/m² 以上，如图 5.2 所示。近海 100m 高度内，水深在 5～25m 范围内的风电资源技术开发量约 1.9 亿 kW，水深在 25～50m 范围内的风电资源技术开发量约 3.2 亿 kW。近海风能资源丰富区为台湾海峡，其次为广东东部、浙江近海和渤海湾中北部。

2019 年为风能资源正常略偏小年景。根据中国气象局发布的《2019 年

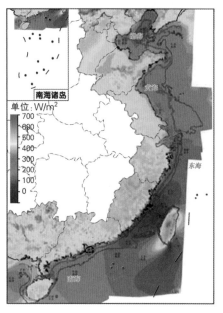 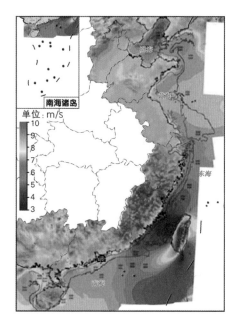

(a) 年平均风功率密度　　　　　　　　　　(b) 年平均风速

图 5.2　中国近海 100m 高度年平均风功率密度、风速分布

中国风能太阳能资源年景公报》，2019 年，中国地面 10m 高度年平均风速较近 10 年（2009—2018 年）平均风速偏小 0.63%，为正常略偏小年景。2019 年中国陆面 70m 高度年平均风速约 5.5m/s，年平均风功率密度约 232.4W/m²；70m 高度风能资源，广西、湖北、云南、辽宁、西藏、四川、吉林、重庆、黑龙江偏大，上海、江苏、河北偏小，其他地区接近常年均值；70m 高度理论年发电量，广西、辽宁、西藏、吉林、黑龙江偏大，上海偏小，其他地区接近常年均值。2019 年影响中国的冷空气和热带气旋频次偏少，是全国平均风速略偏小的主要原因。

5.2
发展现状

——

截至 2019 年年底，中国风电累计并网装机容量达

21005 万 kW

同比增长

14%

装机容量平稳增长

2019 年，中国风电新增并网装机容量为 2574 万 kW（见图 5.3），同比增长约 25%，其中陆上风电新增装机容量 2376 万 kW，同比增长约 25%；海上风电新增装机容量 198 万 kW，同比增长约 23%。截至 2019 年年底，中国风电累计并网装机容量达 21005 万 kW，同比增长 14%，其中陆上风电累计并网装机容量 20412 万 kW，同比增长约 13%；海上风电累计并网装机容量 593 万 kW，同比增长约 55%。风电并网装机容量约占全部电源总装机容量的 10.4%，较 2018 年增长 0.7 个百分点。

图 5.3　2011—2019 年中国风电装机容量及变化趋势

发电量持续增长

2019 年中国风电
年发电量达到
4057 亿 kW·h
同比增长
10.8%
占全部电源总年
发电量的
5.5%

近年来，风电年发电量占全国电源总发电量比重稳步提升，风能利用水平显著提高。2019 年中国风电年发电量达到 4057 亿 kW·h，同比增长 10.8%，占全部电源总年发电量的 5.5%，较 2018 年提高 0.3 个百分点，居煤电、水电之后的第三位，如图 5.4 所示。分省份看，青海、河南、广西等 24 省（自治区、直辖市）上网电量同比均有不同程度的增长，其中，青海、河南 2 省增幅最为明显，增幅均超过了 50%。年上网电量超过 200 亿 kW·h 的有内蒙古、新疆、河北、云南、甘肃、山东、山西 7 省（自治区）。

图 5.4　2011—2019 年中国风电年发电量及占比变化趋势

风电市场保持较快增长

2019 年，中国风电市场保持增长势头，新增吊装容量近 2700 万 kW，同比增长 26.7%，累计吊装容量约 2.4 亿 kW，同比增长 12.8%。2019 年，中国企业在全球陆上风电十大整机制造商中占据了 5 个席位，分别为金风科技、远景能源、明阳智能、运达风电和东方电气，较 2018 年增加 1 个席位。全球陆上风电十大整机制造商中，中国企业合计市场份额占到了全球的 38%，较 2018 年增加约 3 个百分点。

风电装机基本达到"十三五"低限目标

根据《风电发展"十三五"规划》，到 2020 年年底，风电累计并网装机容量达到 2.1 亿 kW 以上，其中海上风电并网装机容量达到 500 万 kW 以上，中期海上风电并网装机容量目标调整为 830 万 kW。截至 2019 年年底，中国风电累计并网装机容量达到 21005 万 kW，达到规划低限发展目标；海上风电累计并网装机容量达到 593 万 kW，接近规划目标。

5.3
前期管理

规划引导产业有序发展

在《风电发展"十三五"规划》的指导下，2019 年全国各地风电项目核准工作稳步推进。据不完全统计，2019 年中国新增核准风电项目 2220 万 kW，其中陆上风电新增核准容量 2045 万 kW，海上风电新增核准容量 175 万 kW。2019 年分散式风电新增核准容量 1120 万 kW，超过集中式风电，促进了全国风电布局的进一步优化。

风电基地规划建设有序推进

2019 年 3 月，国家能源局印发《国家能源局关于青海省海南州特高压外送基地电源配置规划有关事项的复函》（国能函新能〔2019〕33 号）。该基地包含风电建设规模 200 万 kW，所发电量输送至河南电网消纳，采用竞争性方式配置项目资源和确定项目开发企业。同月，国家能源局印发《国家能源局关于扎鲁特—青州特高压输电通道配套外送风电基地有关事项的复函》（国能函新能〔2019〕38 号）。该配套外送风电基地建设规模 500 万 kW，先期内蒙古通辽、兴安盟和吉林白城各规划建设 100 万 kW，待提升输电能力后，优先安排兴安盟后续 200 万 kW。基地项目按受端市场条件和通道输配电价确定送端上网电价，无需国家补贴。 兴安盟项目于 2019 年 8 月完成风电机组和塔筒的招标，白城、通辽项目也于同年 12 月获得核准。 此外，内蒙古锡林郭勒盟北方上都百万千瓦级风电基地等项目也在积极推进前期工作。

平价上网项目积极推进

随着风电技术快速进步，资源优良、建设成本低、投资和市场条件好的地区，已初步具备与燃煤标杆上网电价平价（不需要国家补贴）的条件。 为促进可再生能源高质量发展，提高风电、光伏发电的市场竞争力，2019 年 5 月 20 日，国家发展改革委办公厅、国家能源局综合司印发《关于公布 2019 年第一批风电、光伏发电平价上网项目的通知》（发改办能源〔2019〕594 号），公布了 2019 年第一批风电平价上网项目名单，涉及广东、陕西、河南等 10 个省（自治区、直辖市），合计装机规模 451 万 kW。 2020 年之后，中国陆上风电将主要以无补贴平价上网形式发展。

竞争方式配置风电项目逐步推广

2019 年，天津、重庆、青海等省（直辖市）相继开展陆上集中式风电项目竞争配置工作，其中天津集中式风电竞价共 14 个风电项目，合计 90.5 万 kW，最低承诺电价为 0.44 元/（kW·h）；重庆集中式风电竞价共 6 个风电项目，合计 39.6 万 kW，最低承诺电价为 0.48 元/（kW·h）。 沿海各省竞相开展海上风电竞争性配置工作，其中 2019 年 8 月，中国首个参与竞争性配置的海上风电——上海市奉贤海上风电项目中标电价为 0.7388 元/（kW·h）；浙江宁波、温州两市海上风电项目竞争配置上网电价最低达到 0.76 元/（kW·h）；辽宁大连、山东也于 2019 年下半年开展了海上风电项目竞争性配置工作，规模分别为 130 万 kW 和 120 万 kW。

预警机制引导投资布局持续优化

为引导风电企业理性投资，督促地方改善风电开发建设投资环境，促进风电产业持续健康发展，2019 年 3 月，国家能源局印发《关于发布 2019 年度风电投资监测预警结果的通知》（国能发新能〔2019〕13 号）。 2019 年风电预警红色区域由 2018 年度的 3 省（自治区）调减为新疆（含兵团）和甘肃 2 省（自治区），引导企业持续优化投资布局。

5.4
投资建设

2019 年中国风电新增
总投资约
2080 亿元

投资规模同比较大增长

2019 年中国风电新增总投资约 2080 亿元，其中陆上风电新增投资约 1780 亿元，海上风电新增投资约 300 亿元。 受新增装机规模增长和单位千瓦造价上升影响，2019 年新增投资规模较 2018 年 1462 亿元投资规模同比增长约 42％。

单位千瓦造价同比小幅上升

2019 年，中国风电项目开发建设加速资源优化配置及开发布局调整，通过采取推进大型风电基地建设体现规模效应，推行竞争性配置刺激产业技术进步等措施有效地降低了工程造价。 此外，在加速退补、实现平价过程中，补贴政策对项目开发时限提出更高要求，造成短期内设备供应及施工资源紧张，海上风电开发尤为突出，导致工程造价水平上涨。 整体来看，风电单位千瓦造价较 2018 年小幅上升。

2019 年陆上集中式风电平原、山区地形项目单位千瓦造价分别约 6800 元、7600 元，大型风电基地项目单位千瓦造价约 6100 元，陆上分散式风电项目单位千瓦造价约 5600 元。 近海海上风电非嵌岩项目单位千瓦造价约 16800 元，局部嵌岩项目单位千瓦造价约 18300 元，见表 5.1。

表 5.1	2019 年风电项目单位千瓦造价	
序号	项目类型	决算单位千瓦造价/元
一	陆上集中式风电项目	
1	平原地形项目	6800
2	山区地形项目	7600
3	大型风电基地项目	6100
二	陆上分散式风电项目	5600
三	近海海上风电项目	
1	非嵌岩项目	16800
2	嵌岩项目	18300

设备及安装工程主导风电造价

风电项目单位千瓦造价包括设备及安装工程、建筑工程、施工辅助工程、其他费用、预备费和建设期利息，如图 5.5 所示。 设备及安装工程费用在项目总体造价占最大比重，陆上及海上风电项目占比分别达到 75%、67%，是项目整体造价指标的主导因素，未来还需进一步挖潜。

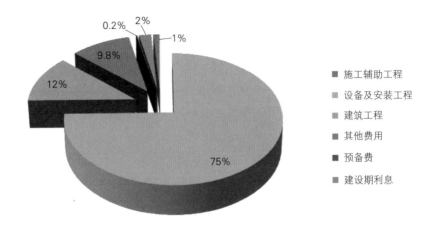

图 5.5　2019 年陆上风电项目单位千瓦造价构成

5.5 运行消纳

2019 年中国风电年平均利用小时数为
2082h

利用小时数同比略有下降

2019 年中国风电年平均利用小时数为 2082h，较 2018 年减少 13h，降幅 0.6%，但仍为"十二五"以来第二高值，如图 5.6 所示。分省来看，全国 17 个省（自治区、直辖市）年平均利用小时数较 2018 年有所增长，其中云南、福建、四川 3 省 2019 年平均利用小时数位居全国前三，分别为 2808h、2639h 和 2553h；西藏、四川、青海 3 省（自治区）2019 年平均利用小时数增长量位居全国前三，分别增长了 310h、220h 和 219h。

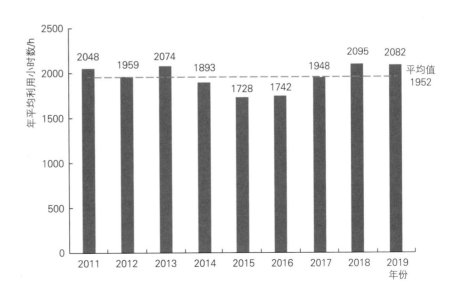

图 5.6　2011—2019 年中国风电年平均利用小时数对比

电力消纳形势持续向好

2019 年，中国弃风电量为

169 亿 kW·h

全国平均弃风率为

4%

得益于风电投资监测预警机制引导、用电负荷持续快速增长、电网调度运行考核力度不断加强等因素，2019 年，中国弃风电量为 169 亿 kW·h，较 2018 年减少 108 亿 kW·h；全国平均弃风率为 4%，较 2018 年降低 3 个百分点，为"十二五"以来最低值（见图 5.7）。其中，甘肃、新疆、吉林、内蒙古等省（自治区）弃风率较 2018 年下降明显。

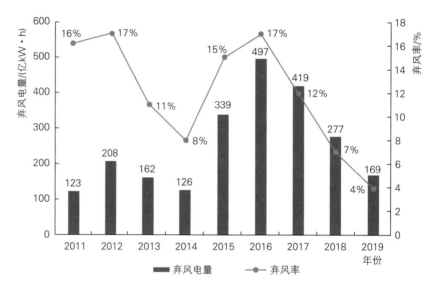

图 5.7　2011—2019 年中国弃风限电变化趋势

弃风限电得以改善的主要原因如下：

一是持续优化风电开发布局。坚持集中式和分散式并举，积极支持中东部地区分散式风能资源的开发，合理引导限电严重地区新能源发展节奏。严格执行 2019 年风电预警结果，引导风电投资继续向经济活动集中、电力消纳条件较好的地区转移。

二是多渠道拓展新能源电力本地消纳。包括推动火电灵活性改造、建设辅助服务市场、进一步挖掘火电调峰潜力、推行自备电厂减少出力和参与系统调峰、鼓励新能源与省内大用户及增量用户直接交易、实施风电供暖、完善省内输电工程、探索开展需求侧响应、最大限度利用抽水蓄能电站等。

三是加大可再生能源电力跨省跨区输电通道建设，扩大新能源消纳范围。2017—2019 年，陆续投产晋北—南京、酒泉—湖南、锡盟—泰州、扎鲁特—青州、准东—皖南、上海庙—山东等跨省跨区特高压直流输电工程，提升了新能源的大范围优化配置能力。

四是通过电力市场化交易，扩大可再生能源电力消纳空间。健全省间和省内新能源交易制度，进一步扩大新能源参与电力市场交易的规模，为新能源消纳拓展空间。加快电力现货市场建设，鼓励新能源参与市场，利用边际成本优势实现优先消纳。

5.6 技术进步

2019年，中国风电产业在装备研发和制造、工程施工和勘测设计、行业数字化水平、新兴技术应用等技术创新和研发方面不断发展，形成了较多的技术创新进步成果，特别是在大容量风电机组的研发制造和应用、海上风电全产业链技术发展及智慧风电产业体系等方面取得较好成绩。

装备研发和制造技术快速提升

2019年，中国风电产业技术创新能力和速度持续提升，新产品研发和迭代速度不断加快，风电机组单机容量进一步增大，塔筒高度进一步提高。海上风力发电方面，明阳智能 MySE8－10MW 风电机组、金风科技8MW 风电机组、上海电气8MW 风电机组、东方电气10MW 风电机组等大容量海上风电机组下线，中国海装10MW 风电机组完成设计认证。陆上风力发电方面，明阳智能推出了5.0MW 等级陆上风电机组，使国产商业化陆上风电机组首次迈入5.0MW；此外，金风科技、远景能源等多家制造商均推出了4MW 以上大容量陆上风电机组。2019年，中广核宝应洋湖风电场采用维斯塔斯 V120－2.2 机型配备了152m 高度塔筒，刷新了中国塔筒高度的纪录，目前金风科技、维斯塔斯160m 高度等级塔筒正在安装。

工程勘测设计技术不断进步

2019年，完成了陆上风电预制装配式混塔的设计与施工，湖北应城有名店140m 免灌浆分片预制装配式混塔顺利吊装；完成了海上风电超大型单桩、吸力筒基础的勘测设计，三峡广东阳江海上风电场多筒吸力筒基础开展了施工图设计，使吸力筒基础首次在中国推广应用；完成了以三峡新能源江苏如东 H6 号（400MW）海上风电项目柔性直流换流站设计为代表的远海电能输送勘测设计；对海上升压站导管架滑移安装施工方式进行了优化设计。

海上风电技术快速发展

2019 年，海上风电发电效率不断提高，度电成本不断降低。 随着海上风电呈现大型化发展趋势，风电机组与塔筒的一体化、定制化设计能力不断增强，同时创新形式的装备不断出现，显著降低了度电成本。海上施工安装能力持续完善，核心装备国产化水平不断提高。 中国首艘自主设计、研发、建造，拥有完全自主知识产权的重型自升自航式风电安装船舶交付使用，可满足 3 套 6MW 或 2 套 8MW 的风电机组组件的运输与预装要求，起重能力约 1300t；中国首台套 2500kJ 大型液压打桩锤成功发布，实现进口替代，满足大容量风电机组基础的施工要求。 柔性直流输电等远海关键技术不断积累与提升，海上风电运维技术积累了经验，在不断探索进步中。

新兴技术应用不断涌现

2019 年，智慧风场、智慧风电机组等智能化技术快速发展并落地应用，提升了风电行业智能化水平。 金风科技等智慧运维解决方案不断完善，远景能源等智能风电机组系列创新提出，将智能化技术与传统风电技术相结合，提升了风电项目效益；激光雷达等新型传感技术在陆上风电开发过程中得到了广泛的应用，海上风资源观测场景应用不断探索，首台国产海上风电激光雷达观测船下水并开始测试；叶片涡流发生器、翼型优化等增强气动技术广泛应用，促进了风电机组风能利用系数的进一步提高。

5.7
发展特点

风电开发建设布局进一步优化

2019 年，通过风电投资监测预警机制引导企业在具备消纳能力的区域进行风电开发建设，降低投资风险。

2019 年，中国风电新增并网装机容量 2574 万 kW，其中陆上风电新增装机容量 2376 万 kW，海上风电新增装机容量 198 万 kW。 分区域来看，"三北"地区风电新增并网装机容量为 1228 万 kW，约占全国的47.7%，较 2018 年增加 206 万 kW；中东部和南方地区风电新增并网装机容量为 1346 万 kW，约占全国的 52.3%，较 2018 年增加 308 万 kW，中东南部区域略超"三北"地区风电并网增量，全国风电建设布局进一步优化，如图 5.8 所示。

2019 年，全国 8 个重点省（自治区）依靠自身资源禀赋、建设条件等优势，风电累计并网规模超过千万千瓦，开发建设水平走在全国前列。重点地区近三年风电并网装机容量变化趋势见图 5.9。

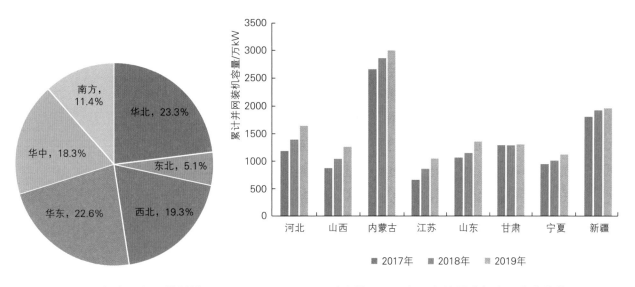

图 5.8　2019 年全国各区域新增　　　　图 5.9　重点地区近三年风电并网装机容量变化趋势
并网装机容量占比

竞争性配置和平价示范项目推进陆上风电补贴退坡

2019 年是从固定电价到无补贴时代过渡的重要阶段，陆上风电有补贴项目与无补贴项目并存，补贴加速退坡，为风电进入无补贴时代稳定发展奠定了较好基础。

有补贴陆上风电项目方面，2019 年，国家发展改革委印发了《国家发展改革委关于完善风电上网电价政策的通知》（发改价格〔2019〕882号）。通知明确将陆上风电标杆上网电价改为指导价，新核准的集中式陆上风电项目上网电价全部通过竞争方式确定，不得高于项目所在资源区指导价。2019 年陆上风电新增集中式风电核准容量 925 万 kW，采用了指导价为最高限价的竞争配置方式，进一步促进了陆上风电补贴退坡。

无补贴陆上风电项目方面，2019 年国家组织平价风电项目 56 个，总装机容量 451 万 kW，见表 5.2；2020 年之后中国风电将主要以无补贴平价上网形式发展。

表 5.2	2019 年平价风电项目各省报备情况		
序号	省 （自治区、直辖市）	项目（试点） 个数	装机容量 /万 kW
1	广东	3	20
2	陕西	1	10
3	河南	11	110
4	黑龙江	7	100
5	山东	6	35
6	吉林	18	119
7	安徽	1	5
8	湖南	7	35
9	天津	1	16
10	宁夏	1	1
	全国	56	451

海上风电规模发展已见成效，竞争性配置有序推进

2019 年海上风电新增装机容量 198 万 kW，同比增长约 23%，并呈现良好的发展势头。企业投资积极性增加，至 2019 年年底，中国海上风电累计核准项目装机容量约 3500 万 kW，实质性开展前期工作海上风电规模发展势头良好。相关省级能源主管部门组织海上风电项目竞争性配置工作，全年完成竞争性配置项目规模达到 365 万 kW，其中上海奉贤海上风电项目竞争配置上网电价达到 0.73 元/（kW·h），为产业可持续发展奠定良好基础。海上风电产业多元化发展有效推进，大容量大叶轮直径风电机组、漂浮式基础、柔性直流送出、激光雷达测风等新兴技术快速发展，深远海海上风电、海上能源岛等创新形式项目开展前期研究工作。

分散式风电近阶段加快推进

自国家能源局印发《关于加快推进分散式接入风电项目建设有关要求的通知》（国能发新能〔2017〕3 号）以来，经过近几年的政策催化与技术积累，2019 年中国分散式风电近阶段呈现加快发展的特点。2019 年，黑龙江、内蒙古、广西、河南、安徽、青海等省（自治区）组织编制

分散式风电规划,新增核准容量 1120 万 kW,超过集中式风电。 中国分散式风电项目 2019 年新增并网容量 73 万 kW,主要分布在黑龙江、河南、内蒙古和辽宁 4 省(自治区),分别为 50 万 kW、17 万 kW、3 万 kW和 3 万 kW。

风电机组机型大型化发展趋势明显

随着中国风力发电装备制造业技术水平不断提高,同时补贴退坡、用地限制、环保等因素影响,进一步推动全国 2019 年安装的风电机组呈大型化发展趋势。 2019 年中国新增装机风电机组平均单机容量达到2.5MW,同比增加明显。 海上风电方面,新增装机单机容量普遍在 4 ~6MW,在研大型风电机组单机容量达到 8 ~ 10MW,叶片长度在 80m 左右;陆上风电方面,新增装机单机容量普遍在 2 ~ 3MW,5.0MW 大型陆上风电机组已经发布。

智慧化风电场技术加快应用

2019 年,人工智能、物联网、大数据等智能技术在风电场加快应用,发展智慧风电场技术。 国电投、华润等投资企业,金风科技、远景能源、明阳智能等整机厂商均开展了智慧风场方面的研究与实践,基于"集中化、共享化、智能化"的核心理念,融入集中监控、预警、健康状态评估、智能故障诊断、能量管理、功率预测、风电机组优化运行等专业系统和服务,将不同设备、系统的数据按照统一标准进行整合,打通风场运行、后台监控、运营维护等单元节点,实现平台对风电场的全局管控,提升风电场精益化管理能力。

5.8
趋势展望

技术进步推动风电上网电价持续下降

技术进步将推动风电单位千瓦投资降低和利用小时数持续提升,进而推动上网电价下降。 就陆上风电而言,2030 年之前,上网电价下降相对迅速,2030—2050 年,上网电价下降趋于平稳;同时,当前成本较高的区域,上网电价降幅相对较大,部分建设条件较好的区域风电上网电价将显著低于化石能源发电。

风电发展在不同区域需关注的重点不同

中东南部区域靠近负荷中心,便于消纳,是近期开发重点区域之一，但受限于风能资源与土地资源，今后将以协调风电发展与生态保护、促进低风速利用为工作重点，不断提升风电在当地能源的比重；"三北"地区风能资源优良、土地资源丰富，具备规模化发展的良好条件，但现阶段面临消纳不足，今后将以加强本地消纳研究，多能互补集成优化，以及跨区外送等多种方式相结合，做好风电项目开发和并网消纳统筹推进；海上发展空间广阔，且靠近负荷中心，目前受限于技术与施工水平，成本相对较高，随着技术快速进步及成本降低，海上风电将是未来发展重点之一，见表 5.3。

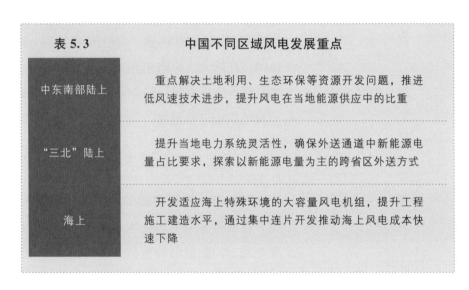

表 5.3	中国不同区域风电发展重点
中东南部陆上	重点解决土地利用、生态环保等资源开发问题，推进低风速技术进步，提升风电在当地能源供应中的比重
"三北"陆上	提升当地电力系统灵活性，确保外送通道中新能源电量占比要求，探索以新能源电量为主的跨省区外送方式
海上	开发适应海上特殊环境的大容量风电机组，提升工程施工建造水平，通过集中连片开发推动海上风电成本快速下降

风电发展将按照"五个并举"全面协调发展

风电发展将坚持集中式与分散式并举，本地与外送并举，陆上与海上并举，单品种开发与多品种协同并举，单一场景与综合场景并举的指导思想，促进风电全面协调发展。用足用好"三北"地区风力资源，以加强当地消纳利用和推进电力外送为引领，有序推进风电开发建设。加快推进中东部和南方地区风电发展，高标准建设生态环境友好型风电场，加快推动分散式风电开发，推广低风速风电机组应用，不断提升资源开发水平。稳妥推进海上风电发展，以合理规模带动产业平稳发展，加快推动成本降低与技术进步，保持产业平稳有序发展。近海区域依托地方政策支持推进项目布局优化与建设，远海区域探索管理机制与加速技术创新，推动基地化示范项目建设。风电发展要注重与其他能源品种的互补和协同，在具备条件的地区，促进水火风光储等多能互补、协同发展的多元化模式。风电发展要注重拓展不同的应用场景，提升自身经济效益与附加综合效应，实现"新能源＋"综合高效发展目标。

陆上风电在 2020 年装机容量将创阶段新高，并实现平价上网

2020 年是中国"十三五"规划的收官之年，也是陆上风电国家提供补贴的最后一年。 受此影响，陆上风电的建设规模将创历史新高，全年并网装机容量有望达到 3000 万 kW；在技术进步和市场竞争配置双重推动下，陆上风电上网电价将进一步降低，大部分区域将实现平价上网。

5.9 发展建议

多方面完善风电平价政策

随着风电补贴的快速退坡，风电即将进入无补贴时代，为保证风电产业的健康稳定发展，建议从多方面完善风电价格政策。 一是通过资源竞争确定经营期固定电价。 通过市场化竞争配置资源，签订经营期固定电价合同，确保风电收益稳定。 二是确保全面平价和低价上网。对于省内消纳项目，竞价上限设定为当地燃煤基准价；对于跨省区消纳项目，竞价上限设定为受端燃煤基准价减去输电价（含线损费）；随着技术进步和成本下降，逐步下调竞价上限。 三是确保电网公司统一收购。 将风电纳入优先发电计划，由电网公司统一收购，确保消纳市场。 四是做好与电力市场衔接。 结合电力中长期市场、现货市场建设，做好与电力市场交易机制的衔接。 五是建立反映风电环境效益的价格制度。

继续做好风电竞争性配置工作，推动风电降本增效

近年来，中国风电产业成本逐渐降低，部分区域风电已经具备与传统燃煤发电直接竞争的条件，未来建议采取多项举措，进一步推动风电产业降低成本扩大规模。 一是坚持市场化方向，坚持竞争性资源配置模式，充分发挥市场优化配置资源的决定性作用，提高风电利用效率和提质增效。 二是持续优化投资环境，降低风电项目开发建设不合理成本。 三是科学合理地开展规划工作，因地制宜进行项目设计，增大单体项目规模，充分利用规模化、集约化发展带来的投资红利。四是积极推动行业装备产业技术进步和产业升级，带动全产业链成本下降。 五是完善绿证、创新金融支持等多项支持政策，促进风电产业

市场化发展。

加强深远海管理机制政策研究

随着近年来中国近海风电稳步开发建设，同时考虑到海上风电补贴退坡，使近海海上风电开发空间逐渐饱和。深远海海上风电相对而言资源较优、限制性因素较少，具有广阔的开发空间，适合进行大规模海上风电基地建设。目前，由于深远海风电所属海域为国管海域，暂未明确深远海风电开发管理机制，造成当前核准与用海手续办理困难。建议加强深远海管理机制政策研究，推动专属经济区内海上风电的政策机制，为后期推进深远海项目建设奠定政策基础。

加快推动风电新兴技术发展

风电产业技术持续进步是促进产业健康可持续发展的重要推动力，结合目前中国风电产业发展形势与挑战，建议多方面加快推动风电技术进步。一是推动风电与储能、电解制氢等新技术的结合创新，提高风电并网友好性，拓展风电应用空间。二是加快推动海上风电漂浮式基础、柔性直流输电等深远海关键技术的研发，为"十四五"期间深远海海上风电的发展打牢基础。三是推进大型风电机组关键部件国产化，进一步提升大型机组的国产化率，降低机组成本，提高自主能力。

加快风电机组退役和更新、换代政策研究

随着中国风电近年来的飞速发展，2019 年累计并网的风电装机容量达到 2.1 亿 kW，目前存在约 3000 万 kW 运行年限超过 10 年的风电机组，这部分机组的单机容量多在 1.5MW 以下，叶轮直径也相对较小，具备更新与换代潜力。另外，"十四五"中后期，中国超过运行寿命的风电机组也将逐年增长。目前针对风电机组退役和更新、换代政策尚未明确，建议开展相关政策研究，引导风电产业向高质量发展。

加强风电行业监管，保障有序健康发展

随着国家"放管服"改革的不断深入，建议加强市场监管，促进风电产业健康有序发展。一是严格落实《中华人民共和国可再生能源法》中关于行业监管的法律条款要求，健全完善风电行业监管体系，细化制定监管办法，实现风力发电与非电领域监管全覆盖。二是完善风电项目

开发建设信息监测机制，切实做好信息分析研判，全面提升项目信息监测质量。 三是加强风电行业的事中事后监管，针对风电发展规划、全额保障性收购、工程质量验收等方面建立全过程监管体系，推进工程全过程咨询机制，建立监管评估机制。

6

太阳能发电

6.1 资源概况

太阳能资源较为丰富，地域分布自西北向东南呈先增加再减少然后又增加的趋势

中国太阳能资源较为丰富，陆地表面平均水平面年总辐射量约为 5359MJ/m²。按年太阳辐射总量，全国太阳能资源分为四个等级：Ⅰ类资源区年太阳辐射总量大于等于 6300MJ/m²，资源最丰富；Ⅱ类资源区年太阳辐射总量介于 5040～6300MJ/m²，资源很丰富；Ⅲ类资源区年太阳辐射总量介于 3780～5040MJ/m²，资源较丰富；Ⅳ类资源区年太阳辐射总量小于 3780MJ/m²，资源一般（见表 6.1 和图 6.1）。其中Ⅰ类、Ⅱ类、Ⅲ类资源区面积约占全国总面积的九成以上。

表 6.1		中国太阳能资源等级区域划分	
等级	资源带号	年太阳辐射总量/(MJ/m²)	区　域
资源最丰富	Ⅰ	≥6300	新疆东南边缘、西藏大部、青海中西部、甘肃河西走廊西部、内蒙古阿拉善高原及其以西地区
资源很丰富	Ⅱ	5040～6300	新疆大部、西藏东部、云南大部、青海东部、四川盆地以西、甘肃中东部、宁夏全部、陕西北部、山西北部、河北西北部、内蒙古中东部至锡林浩特和赤峰一带
资源较丰富	Ⅲ	3780～5040	中东部和东北的大部分地区
资源一般	Ⅳ	<3780	四川东部、重庆全部、贵州大部、湖南西部

中国太阳能资源地域分布差异较大，分布特点为自西北向东南呈先增加再减少然后又增加的趋势。中国水平面年总辐射量最大值在青藏高原，高达 10100MJ/m²；最小值在四川盆地，仅 3300MJ/m²。

2019 年中东部比常年值偏高，西部比常年值偏低

根据中国气象局发布的《2019 年中国风能太阳能资源年景公报》，2019 年中国陆地表面年平均水平面总辐照量约为 5295.2MJ/m²，年最佳斜面总辐照量约为 6186.6MJ/m²，比 2018 年分别偏低 1.08%、0.48%，比近 10 年（2009—2018 年）平均值分别偏低 1.62%、1.05%。2019 年中国大部分地区的年水平面总辐照量及最佳斜面总辐照量距平百分率在

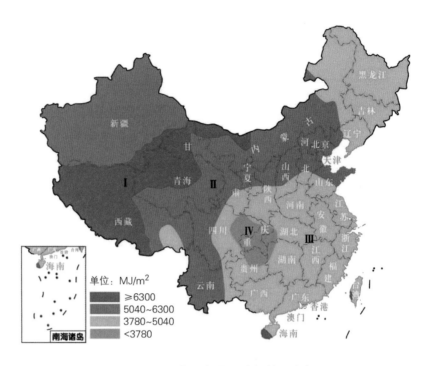

图 6.1 中国水平面总辐射量分布

-3%~3%之间，其中青海大部、甘肃南部、四川东部、西藏东部等地偏低超过5%，东北东部地区偏高5%，总体表现出"中东部比常年值偏高、西部比常年值偏低"的特征。

6.2
发展现状

2019 年中国光伏发电累计装机容量
20430 万 kW
占全国电源总装机容量的
10.2%

装机规模保持稳定增长

2019 年中国太阳能发电新增装机容量 3031 万 kW，其中光伏发电新增装机容量 3011 万 kW，光热发电新增装机容量 20 万 kW。受消纳能力约束、用地审批及竞争性配置项目建设周期较短等因素的影响，光伏发电新增装机容量同比减少 31.6%。其中，光伏电站新增装机容量 1791 万 kW，同比减少 22.9%；分布式光伏新增装机容量 1220 万 kW，同比减少 41.3%。太阳能发电累计装机容量达到 20474 万 kW，其中光伏发电累计装机容量 20430 万 kW，光热发电累计装机容量 44 万 kW。光伏发电累计装机容量同比增长 17.3%，增速有所回落（见图 6.2）。其中，光伏电站累计装机容量 14167 万 kW，同比增长 14.5%；分布式光伏累计装机容量 6263 万 kW，同比增长 24.2%。光伏发电累计装机容量占全国电源总装机容量的 10.2%，同比提高 1 个百分点。光伏发电全年新增和累计装机容量继续保持世界首位。

图 6.2 2011—2019 年中国光伏发电装机容量变化趋势

发电量进一步提升

2019 年，中国光伏发电量达

2243 亿 kW · h

占全部电源总年发电量的

3.1%

同比增长

26.3%

近年来，光伏发电量占全国电源总发电量比重稳步提升，太阳能利用效率持续提升。2019 年，中国光伏发电量达 2243 亿 kW · h，同比增长 26.3%（见图 6.3）。其中，光伏电站发电量 1697 亿 kW · h，同比增长 23%；分布式光伏发电量 545 亿 kW · h，同比增长 39%。光伏发电量占全部电源总年发电量的 3.1%，同比提升 0.6 个百分点。分省份看，河北、山东、内蒙古、青海、江苏 5 省（自治区）年光伏发电量位居全国前列，分别达到 176 亿 kW · h、170 亿 kW · h、163 亿 kW · h、157 亿 kW · h、154 亿 kW · h。

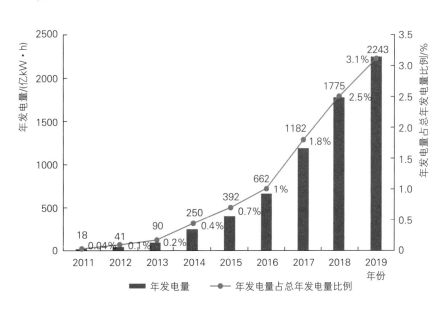

图 6.3 2011—2019 年中国光伏发电量变化趋势

产业规模保持快速增长

受益于海外市场增长，2019 年，中国光伏各环节产业规模依旧保持快速增长势头。 截至 2019 年年底，中国多晶硅产能达到 46.2 万 t，同比增长 19.4%，产量为 34.2 万 t，同比增长 32.0%；硅片产量为 134.6GW，同比增长 25.7%；电池片产量为 108.6GW，同比增长 27.7%；组件产量为 98.6GW，同比增长 17.0%。

上网电价进一步降低

根据全国竞价排序结果，2019 年光伏发电国家补贴竞价项目上网电价降幅明显。 Ⅰ ~ Ⅲ类资源区，普通光伏电站平均电价降幅分别为每千瓦时 0.0719 元、0.0763 元和 0.0911 元，全额上网分布式项目平均电价降幅分别为每千瓦时 0.0581 元、0.0473 元和 0.0683 元；自发自用、余电上网分布式项目平均电价降幅为每千瓦时 0.0596 元。

2019 年光伏发电领跑奖励激励基地项目通过竞争确定上网电价，有效促进上网电价大幅下降，其中达拉特基地平均上网电价为每千瓦时 0.274 元，低于当地燃煤脱硫基准电价；白城、泗洪基地平均上网电价分别为每千瓦时 0.38 元和 0.4 元，略高于当地燃煤脱硫基准电价。

光伏发电装机已达到"十三五"低限目标

根据《太阳能发展"十三五"规划》，到 2020 年年底，光伏发电装机容量达到 1.05 亿 kW 以上，太阳能热发电装机容量达到 500 万 kW。截至 2019 年年底，光伏发电累计装机容量达到 20430 万 kW，已高于规划最低目标；太阳能热发电成本较高，仍处于示范项目阶段，累计装机容量仅 44 万 kW，相较规划目标有较大差距。

6.3
前期管理

市场环境监测引导投资布局持续优化

根据国家能源局发布的 2019 年度光伏发电市场环境监测评价结果，仅西藏为红色区域；12 个地区为橙色区域，分别为天津、河北、四川、云南、陕西Ⅱ类资源区、甘肃Ⅰ类资源区、青海、宁夏、新疆；其他 25 个地区为绿色区域。 评价结果红色表示市场环境较差，橙色表示市场环境一般，绿色表示市场环境较好。 与 2018 年度评价结果相比，红色区域减少 4 个，橙色区域减少 2 个，绿色区域增加 6 个，全国光伏发电市场环境整体得以持续改善。

光伏发电领跑基地有序推进

2019 年，国家能源局对第三期 10 个光伏发电应用领跑基地中按期并网发电、验收合格且优选确定电价较光伏发电标杆电价降幅最大的 3 个基地增加等量规模接续用于奖励激励。 2019 年 6 月，国家能源局综合司公布了第三期光伏发电领跑基地奖励激励名单，确定内蒙古达拉特、吉林白城、江苏泗洪 3 个基地为第三期光伏发电领跑奖励激励基地，每个基地奖励激励规模为 50 万 kW。

积极推进光伏发电平价上网项目

随着近年来光伏发电规模化发展和技术快速进步，在资源优良、建设成本低、投资和市场条件好的地区，已基本具备与燃煤标杆上网电价平价（不需要国家补贴）的条件。 为促进可再生能源高质量发展，提高风电、光伏发电的市场竞争力，2019 年 5 月 20 日，国家发展改革委办公厅、国家能源局综合司印发《关于公布 2019 年第一批风电、光伏发电平价上网项目的通知》(发改办能源〔2019〕594 号)，公布了 2019 年第一批风电、光伏发电平价上网项目名单。 其中光伏发电平价上网项目 168 个、装机规模 1478 万 kW，分布式交易试点项目 26 个、装机规模 147 万 kW，均主要集中在中东南部地区。

有效推进全国光伏发电项目统一竞价工作

根据《国家能源局关于 2019 年风电、光伏发电项目建设有关事项的通知》(国能发新能〔2019〕49 号)，在各省（自治区、直辖市）能源主管部门组织项目、审核申报的基础上，国家能源局组织开展了 2019 年光伏发电项目国家补贴竞价排序工作。 2019 年 7 月，《国家能源局综合司关于公布 2019 年光伏发电项目国家补贴竞价结果的通知》(国能综通新能〔2019〕59 号)明确，经国家可再生能源信息管理中心对各省份能源主管部门审核申报项目进行复核、竞价排序，拟将北京、天津等 22 个省（自治区、直辖市）的 3921 个项目纳入 2019 年国家竞价补贴范围，总装机容量为 2279 万 kW，其中普通光伏电站项目 366 个、装机容量为 1812 万 kW；工商业分布式光伏发电项目 3555 个、装机容量为 467 万 kW。

持续推进光伏扶贫项目建设

2019 年，国家能源局、国务院扶贫开发领导小组办公室下达了"十

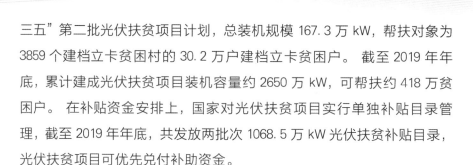

三五"第二批光伏扶贫项目计划，总装机规模 167.3 万 kW，帮扶对象为 3859 个建档立卡贫困村的 30.2 万户建档立卡贫困户。 截至 2019 年年底，累计建成光伏扶贫项目装机容量约 2650 万 kW，可帮扶约 418 万贫困户。 在补贴资金安排上，国家对光伏扶贫项目实行单独补贴目录管理，截至 2019 年年底，共发放两批次 1068.5 万 kW 光伏扶贫补贴目录，光伏扶贫项目可优先兑付补助资金。

6.4
投资建设

2019 年中国光伏发电新增总投资约
1320 亿元

2019 年，中国光伏电站平均单位千瓦造价约
4550 元

总投资同比较快下降

2019 年中国光伏发电新增总投资约 1320 亿元，其中地面光伏电站新增投资约 815 亿元，分布式光伏新增投资约 505 亿元。 受光伏发电新增装机规模减小和单位千瓦造价持续下降影响，2019 年新增投资规模较 2018 年的 2400 亿元投资规模下降约 45%。

单位千瓦造价持续较快下降

随着光伏应用市场持续稳定推进，中国光伏发电全产业链规模化发展带动技术进步和组件价格下降效果显著。 同时，国家全面推行竞争性配置等机制，引导企业加强系统优化和成本控制，有效降低了工程造价。 2019 年，中国光伏电站平均单位千瓦造价约 4550 元，同比下降 17%（见图 6.4）；分布式光伏单位千瓦造价约 4150 元，同比下降 19%。 部分太阳能资源、电力消纳等条件较好的地区，光伏发电已具备平价上网条件。

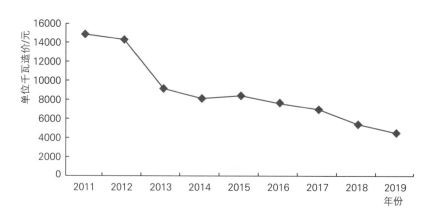

图 6.4 2011—2019 年光伏发电项目单位千瓦造价指标变化趋势

光伏发电系统投资主要由组件、逆变器、支架、电缆等主要设备成本，以及建安工程、土地成本及电网接入、前期开发及管理费等部分构

成。 以2019年典型光伏电站为例,光伏组件成本占到了总投资的39%,是最主要的构成部分(见图6.5)。 得益于先进技术的规模化应用,2019年光伏组件价格下降较大,推动总投资快速下降;其他部分均有小幅降低。

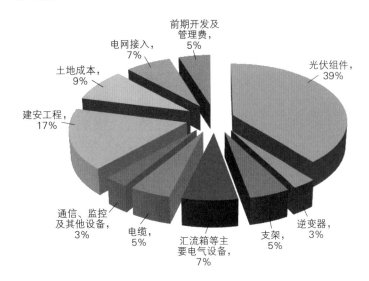

图6.5 2019年光伏发电项目单位千瓦造价构成

6.5
运行消纳

2019年,中国光伏发电年平均利用小时数达
1169h
较2018年增长
54h

年平均利用小时数小幅提升

2019年,中国光伏发电年平均利用小时数达1169h,较2018年增长54h,增幅4.8%。 分省份看,内蒙古、四川、青海、黑龙江、吉林年平均利用小时数位居全国前列,分别达到1623h、1521h、1494h、1477h、1467h。 分区域看,东北地区和华南地区增长较为明显,增速超过10%(见图6.6)。 其中,东北地区主要得益于电力调峰辅助服务市场运行、扎鲁特直流外送能力逐步加大、负荷增速持续回暖等因素,年平均利用小时数增长142h;华南地区主要得益于电力负荷稳定增长和电力系统调节能力稳步提升等因素,年平均利用小时数增长147h。

电力消纳情况持续向好

2019年中国弃光电量
46亿kW·h
弃光率
2%

得益于光伏发电项目布局持续优化、集中式与分布式发展并举,以及新能源参与电力市场化交易进一步提升等因素,2019年中国光伏发电消纳条件进一步改善,全年弃光电量46亿kW·h,同比减少9亿kW·h,弃光率2%,同比下降1个百分点(见图6.7)。 分省份看,2019年弃光最严重的西藏和新疆均有较大改善,弃光率分别为24%、7%,分别同比下降约19个百分点和8个百分点。

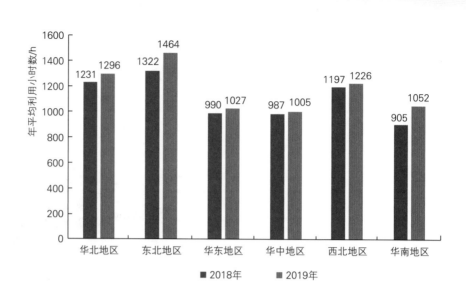

图 6.6　2018 年和 2019 年中国六大区域光伏发电年平均利用小时数对比

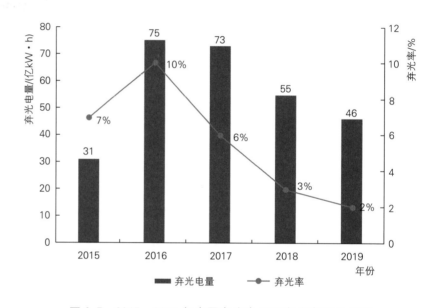

图 6.7　2015—2019 年中国弃光电量和弃光率变化趋势

弃光限电得以改善的主要原因如下：

一是项目布局持续优化。 严格按照光伏发电市场环境监测评价结果，合理控制限电严重地区光伏产业发展节奏，引导光伏发电投资继续向电力消纳条件较好的中东南部地区转移。 2019 年中东南部和"三北"地区光伏发电新增装机基本持平，占比分别约 45%、55%，新增装机继续向电力消纳条件较好的中东南部地区布局。

二是坚持集中式和分布式发展并举。 积极支持中东南部地区分布式光伏发电开发。 截至 2019 年年底，分布式光伏发电累计装机容量占全部光伏装机容量的比例达到 31%，有力促进了电力的就地消纳。

此外，新能源参与电力市场化交易持续提升、跨省跨区输电通道送电能力提高、电力系统灵活性进一步加强等因素也是弃光现象得以持续改善的重要原因。

6.6
技术进步

中国光伏产业在全球具备较强的竞争力，政府也将光伏产业作为国家战略性新兴产业之一。 在产业政策引导和市场需求驱动的双重作用下，全国光伏产业在多晶硅、硅片、电池片、光伏组件、光伏发电系统、项目建设与运行等环节都实现了平稳快速发展。

生产装备技术提升，多晶硅能耗稳中有降

2019 年，随着生产装备技术提升、系统优化能力提高、生产规模扩大，全国多晶硅企业综合能耗平均值为 12.5kgce/kg - Si，综合电耗下降至 70kW·h/kg - Si，行业硅耗在 1.11kg/kg - Si 水平，基本与 2018 年持平。 随着多晶硅工艺技术瓶颈不断突破、工厂自动化水平的不断提升，多晶硅工厂的人均产出提高至每年 35t，同比增长 25%。

切割技术提升，硅片平均厚度下降

2019 年，多晶硅片平均厚度为 180μm 左右，P 型单晶硅片平均厚度为 175μm 左右，N 型单晶硅片平均厚度为 170μm 左右。 硅片厚度较 2018 年平均呈下降趋势，多晶硅片厚度下降速度略慢。 N 型单晶硅片厚度基本与 P 型单晶硅片一致，主要用于 TOPCon 电池的制作。随着硅片尺寸的增大，硅片厚度下降速度将减缓。 用于异质结电池的硅片厚度约为 150μm，随着异质结电池技术的应用，硅片厚度降速将进一步加快。

单晶电池转换效率持续提升，多晶黑硅电池转换效率缓慢增加

2019 年，规模化生产的单晶电池平均转换效率为 22.3%，单晶电池均采用 PERC 技术，平均转换效率较 2018 年提高 0.5 个百分点，预计电池效率近两年仍有较大的提升空间。 2019 年，规模化生产的多晶黑硅电池平均转换效率为 19.3%，平均转换效率较 2018 年提高 0.1 个百分点，多晶黑硅电池效率提升动力不强，预计提升空间可能不大。 使用 PERC 电池技术的多晶电池效率为 20.5%，较 2018 年提升 0.2 个百分点；铸锭单晶 PERC 电池平均转换效率为 22%，较单晶 PERC 电池低 0.3

个百分点；N－PERT/TOPCon 电池平均转换效率为 22.7%，异质结电池平均转换效率为 23.0%，已有部分企业投入量产。 2011—2019 年中国晶硅电池转换效率变化曲线见图 6.8。

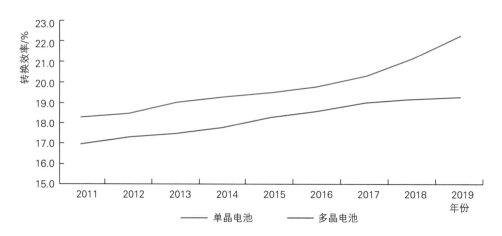

图 6.8　2011—2019 年中国晶硅电池转换效率变化曲线

薄膜太阳能电池/组件方面，2019 年中国小面积碲化镉（CdTe）电池（0.5mm²）实验室最高转换效率约 19.2%，铜铟镓硒（CIGS）小电池片（小于等于 1cm² 孔径面积）实验室最高转换效率为 22.9%。

光伏组件功率增加，转换效率进一步提高

2019 年，单面组件仍是市场主流，市场占比为 86%；全片组件占据主要市场份额，市场占比约为 77.1%，较 2018 年下降了 14.6 个百分点。 60 片全片采用 PERC 单晶电池的组件功率已达到 320Wp，较 2018 年提高 15Wp，采用 158.75mm 尺寸 PERC 单晶电池的组件功率约为 330Wp，采用 166mm 尺寸 PERC 单晶电池的组件功率约为 360Wp。 常规多晶黑硅组件主要用于户用及印度等海外市场，组件功率约为 285Wp，采用 166mm 尺寸 PERC 多晶黑硅的组件功率约为 330Wp。

N－PERT/TOPCon 电池组件、异质结电池组件功率可达到 330Wp。 2019 年，在电池效率提升的基础上，MWT、半片、叠瓦等多种新组件技术涌现并快速融入产业化，从光学与电学两个方面降低组件的能量损耗，使组件效率进一步提高。

光伏电站发电能力明显提高，运维管理水平较大提升

2019 年，光伏发电系统成本继续降低，光伏项目投资主体对使用先进设备、优化布置形式、精细化设计等设计水平的愈发重视，使光伏电站的发电能力得到了明显提高。 此外，通过采用高质量产品，减少衰减

和故障、降低系统各环节损失、提升运行管理质量等方式，光伏电站的发电效果持续提升。

2019 年，中国光伏电站的运维管理水平也得到明显提升。 在智能运维应用方面，无人机巡检、远程运维已经在新建电站中得到较为广泛的运用。 结合大数据、互联网等技术，光伏电站的运行情况能够得到实时监控，通过数据检测等手段可以高效定位运行问题，检修效率大幅提升。 此外，清洁机器人与各种高新技术的结合应用，也较大地提高了光伏电站运维水平和发电效率。 近几年，光伏电站的运维成本维持在一定水平并略有下降。

光热发电中超临界二氧化碳技术应用加速发展

作为光热发电的主流技术，塔式、槽式、线性菲涅尔三种技术路线的效率均与常规岛的热效率密切相关，提高热效率有利于提高光电效率，降低光热发电成本。 传统光热发电系统的热效率一般为 35% ～ 40%。 而超临界二氧化碳布雷顿循环有望实现近 50% 的热效率。 超临界二氧化碳布雷顿循环在光热发电中的应用研究不断获得新的突破，已接近商业应用阶段。 超临界二氧化碳布雷顿循环原理示意图如图 6.9 所示。

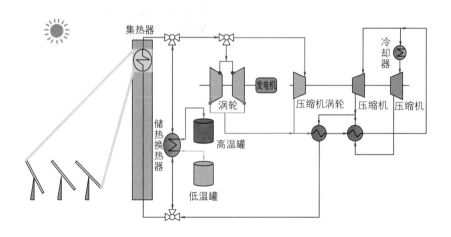

图 6.9　超临界二氧化碳布雷顿循环原理示意图

2018 年 11 月，中国首座"双回路全温全压超临界二氧化碳（S - CO_2）换热器综合试验测试平台"在中国科学院工程热物理研究所廊坊中试基地建成。 2019 年，首航敦煌 10MW 光热电站超临界二氧化碳循环改造已进入可研阶段。 同时，多家设备厂商已经开始研发超临界二氧化碳换热器和压缩机等相关产品。

光热发电国产设备技术逐步提升

随着国内光热技术的发展和示范项目的推进,多项光热发电核心设备逐步实现国产化,国产设备的技术也逐步提升。 2019 年,国产熔融盐泵、阀门通过鉴定或成功投入运行;国产集热管已实现在 600℃ 以上温度连续稳定运行;联动型塔式聚光镜(见图 6.10)聚光集热温度连续获得突破,最高聚光集热温度先后达到 597℃、 687℃;某型倾角传感器成功完成在大型定日镜跟踪系统中的装机测试,该倾角传感器可实现对太阳的精确追踪(常温区间最高精度达 0.01°)、一键设置相对零点、角度自动纠正等功能。

图 6.10 某联动型塔式聚光镜

6.7
发展特点

光伏发电在能源转型中发挥"主力军"作用

截至 2019 年年底,中国光伏发电累计装机容量达到 20430 万 kW,其中,集中式光伏 14167 万 kW,分布式光伏 6263 万 kW。 光伏发电累计装机容量占全国电源总装机容量的 10.2%。 2019 年中国光伏发电量达 2243 亿 kW · h,同比增长 26.3%,占全部电源总发电量的 3.1%。 光伏发电具有普遍性、安全性、无污染、取之不尽、用之不竭的特点,属于国家支持的可再生能源类型。 开发建设光伏发电可为中国实现高比例可再生能源和非水可再生能源的目标提供有效支撑,为促进国民经济和社会可持续发展提供重要能源保障。 近年来,光伏发电系统成本持续降低,在国内某些地区,光伏发电已经具备与火电相竞争的能力,随着光伏发电系统成本的进一步下降,光伏发电的上网电价将低于火电价格，成为中国上网电价最低的供电方式，将在能源转型中发挥"主力军"作用。

开展全国竞争配置，系统投资持续降低

2019 年，在全国推进光伏发电补贴竞争工作，坚持以"市场导向、竞争配置、以收定支、分类管理、稳中求进"为原则，对各省份申报项目进行复核和竞价排序，纳入补贴项目覆盖 22 个省份，总装机容量约 2279 万 kW，平均度电补贴强度约为 0.0645 元，与采用指导价相比下降了 50% 以上，有效推动了光伏发电项目补贴退坡，节约了国家补贴资金，保障了产业稳定发展，促进光伏发电系统初始投资进一步下降。2019 年，全国地面光伏发电系统初始投资约为 4.55 元/W，较 2018 年下降 0.37 元/W，降幅为 7.5%。

市场环境监测引导，建设布局进一步优化

2019 年，国家能源局发布 2018 年度光伏发电市场环境监测评价结果，并将评价结果作为加强光伏行业管理、引导各地有序开发的重要依据。根据 2018 年度监测评价结果，新疆、甘肃、西藏为红色区域，宁夏、青海、内蒙古（除赤峰、通辽、兴安盟、呼伦贝尔以外地区）、北京、天津、四川、云南、河北（承德、张家口、唐山、秦皇岛）、上海、福建、山东、海南、重庆为橙色区域，其余省区为绿色区域。以监测结果为红色的新疆、甘肃和西藏地区为例，2019 年光伏新增装机规模同比增长 10%，但远低于全国平均增长率（17%）。根据 2020 年能源局发布的 2019 年度光伏发电市场环境监测评价结果，甘肃 I 类资源区、新疆由红色转为橙色，甘肃 I 类资源区以外地区由红色转为绿色，市场环境监测引导建设布局优化的效果明显。

产业集中度加强，各环节成本降低

2019 年，国内光伏产业链的上游和中游集中度加强。硅片方面，产量超 2GW 的企业有 9 家，其产量约占总产量的 85.5%，全球前十大生产企业均位于中国；晶硅电池片方面，电池片产量超过 2GW 的企业有 20 家，其产量占总产量的 77.7%；组件方面，组件产量超过 2GW 的企业有 13 家，其产量占总产量的 65.6%。随着产业集中度加强，各环节技术的不断进步，生产效率持续提升，生产成本不断降低。2019 年，单晶 PERC 组件价格降至约 1.75 元/Wp，较 2018 年下降超过 12%。

分布式装机略有回落，户用装机增速较大

受建设周期不足、补贴强度下降、建设条件好的屋顶资源难落实等因素影响，2019 年分布式光伏发电装机容量增速放缓，年内新增装机容量 1220 万 kW，占 2019 年新增总装机容量的 40.5%，全国分布式光伏发电累计装机容量达 6263 万 kW，占全部光伏发电装机容量的 30.7%。分地区看，新增装机主要集中在华东、华北、华中地区，占全国分布式光伏发电新增装机容量的 84%。分省份看，新增装机主要集中在中东部省份。2019 年，排名前三的山东、浙江、江苏新增装机容量分别为 229 万 kW、149 万 kW、134 万 kW，分别占全国分布式光伏发电新增装机容量的 18.8%、12.2%、11%。

由于单个项目规模小、建设周期短、补贴强度相对较高，2019 年户用分布式光伏发电投资升温，全国纳入财政补贴的户用装机容量约 529.2 万 kW，全年累计并网容量超过分布式光伏总量的 1/3。从地域分布看，户用光伏主要集中在华东、华北、华中地区，合计占全国户用光伏总装机容量的 90% 以上。户用光伏已逐步成为光伏市场的重要组成部分。

开发利用模式多样，综合化发展有序推进

中国光伏产业模式已经由过去的单一化、集中化向多元化、综合化加速转变，以"光伏 + 多产业"、多能互补、"光伏 + 储能"等为表现形式的"光伏 +"模式已成为产业高质量发展的重要助力，推动光伏产业进入技术与模式创新并行的新时代。截至 2019 年年底，中国已投运与光伏相结合的储能项目累计装机规模达到 290.4MW，占全国储能投运项目中规模的 18%，同比增长 12%。其中，集中式光储主要是储能与"三北"地区的大型光伏电站相结合，占所有光储项目总规模的 56%；分布式光储的应用场景则相对多样，占所有光储项目总规模的 44%。

光热示范项目持续推进，运行水平不断提升

2019 年，中国光热发电首批示范项目建设持续推进，新增并网示范项目 3 个，分别是兰州大成敦煌 50MW 熔盐线性菲涅尔光热发电项目、中电建青海共和 50MW 熔盐塔式光热发电项目、中电工程哈密 50MW 熔盐塔式光热发电项目。另外，鲁能海西格尔木多能互补项目中的 50MW 熔盐塔式光热发电部分成功并网。2019 年光热发电新增装机容量 200MW，总装机规模达到 444.3MW（见图 6.11）。

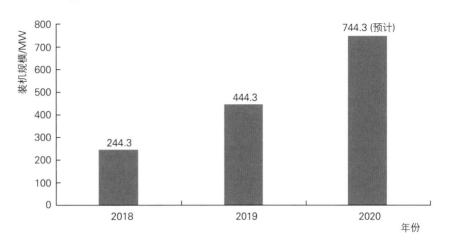

图 6.11　中国光热发电装机规模

2019 年度中国光热项目建设进度逐步加快,陆续有多个项目并网发电,为光热发电积累更多建设经验。 已并网项目运行总体稳定,发电能力和效果逐步提升,项目发电量达成率不断获得突破,对电力系统的支持能力逐渐显现。 以某塔式光热发电项目为例,完成累计无故障运行超 240h 后,在半年内发电达成率从 85% 逐步提升到 97.6%,体现出适合于中国气候环境特点的光热项目运行控制技术水平的不断提升,为中国下阶段光热发电的发展积累了经验,具有良好的推动作用。

6.8 趋势展望

光伏发电将成为未来中国上网电价最低、规模最大的可再生能源

中国光伏行业发展已经由规模化发展进入到高质量发展阶段。 2020 年是国内光伏从有补贴转向无补贴平价上网的关键之年,2021 年起光伏将全面进入无补贴平价时代。

从发电成本看,技术进步将推动光伏转换效率和工艺制造水平持续提升,推动光伏发电成本快速下降,中长期将成为中国上网电价最低的可再生能源。

从应用规模看,光伏将逐步成为中国新增装机容量最大的可再生能源品种;预计 2035 年光伏累计装机将超过煤电,成为中国装机容量最大的电源。

"光伏 +"在未来具备广阔发展前景

利用光伏发电发展方式灵活等优势,将光伏与建筑、农业、交通、乡村、生态环境等产业融合,发展潜力巨大,预计"光伏 +"将成为未

来光伏多元化发展的重要方向。

随着光伏发电成本的不断降低，充分发挥光伏低成本优势以及与电力负荷特性匹配度较高等特性，逐步结合电化学储能成本下降、探索开展"光伏＋储能"等利用形式，对电力系统提供主动支撑，进一步提升光伏发电的竞争力。

技术进步、降本增效促进光热发展

太阳能光热发电是一种出力连续、可控、可调的可再生能源发电形式，其所具有的调峰灵活、调峰幅度大、品质高的特性是其他可再生能源无法替代的。但现阶段复杂的系统、过高的成本限制了光热发电的发展。目前，促进光热发电技术进步、提高光热发电效率、降低光热发电成本仍是光热发电的发展主题，主要有以下途径：

一是适度规模化发展。高参数、高系统效率的塔式技术路线以及成熟度较高的槽式技术路线将成为主流，规模化、集群化的电站建设从镜场设备、材料、建设、运维等多方面促进光热发电成本降低。

二是研发新材料。研发新型高温吸热工质能够提高蒸汽发生系统出口蒸汽参数、提高汽轮机热工转换效率，从而提高光热发电站的光电转换效率，降低光热发电成本。研发新型高温储热工质，降低储热工质用量从而降低储热成本。研发轻质玻璃降低定日镜/集热器重量，降低相应支架用钢量，促进镜场成本的降低。

三是采用超临界二氧化碳布雷顿循环。利用超临界二氧化碳作为传热流体替代光热发电中的蒸汽，热工转换效率有望达到 50％。较高的热工转换效率和更小的涡轮意味着更低的建设成本。

四是国产化和技术创新。通过主要系统的优化、关键材料及核心设备国产化等途径，实现光热发电的降本增效。先进高效的制造技术有利于降低设备生产成本。效率更高、跟踪更加精准、质量更轻的定日镜/槽式集热器能够提高集热效率，降低运维难度，降低跟踪设备成本，提高系统稳定性，减少电站投资，增加发电量，从而降低光热发电成本。

五是参与多能互补项目。通过光热、光伏、风电等其他可再生能源互补电站，充分发挥光热稳定、可调的技术优势，提高电力系统不稳定电源的消纳能力。

6.9
发展建议

坚持提质增效发展目标，创新发展思路

坚持以提质增效作为行业发展的核心目标，创新发展思路。在发

展模式方面，建议按照集中式和分布式并举的发展思路，积极推动集中式光伏开发，因地制宜推动分布式光伏发展。 在电力消纳方面，坚持就地利用和跨省外送并举，充分提升系统灵活性，优先可再生能源就地利用，扩大可再生能源资源配置范围，确保通道中新能源电量占比。 在能源品种开发利用方面，坚持单品种开发与多品种协同并举，做好各类可再生能源自身高质量发展，积极推动多品种能源协同发展。 在应用场景方面，坚持单一场景与综合场景并举，做好可再生能源自身发展，促进可再生能源与农业、林业、生态环境等行业融合发展。

积极推进平价后光伏政策研究，完善光热示范项目电价机制

近年来国家有关部门出台了多项政策促进太阳能发电产业的健康发展，产业政策环境持续优化。 光伏产业快速向着高质量发展方向推进，在政策协调衔接等方面，需要结合市场化、无补贴发展的趋势，进一步研究完善产业政策体系。 建议加快平价后光伏发电管理机制政策研究，充分做好市场化政策支持和管理机制，全面推动光伏发电平价和低价上网，持续推进光伏技术经济性竞争力提升与行业健康发展。 光热发电对优化能源结构、提高电力系统消纳能力具有积极的作用，同时光热发电系统复杂性较高，建设周期与海上风电项目建设周期相近，比光伏及陆上风电项目长，在国内发展时间尚短，仍需一定的政策性支持。 建议完善近期光热示范项目电价机制，支持"光热＋光伏"等创新发展模式，促进无补贴发展及电网侧友好发展，助力可再生能源持续健康发展。

7

生物质能

7.1
资源概况

—

每年可能源化利用的生物质
资源总量约相当于

4.6 亿 t 标准煤

中国生物质资源丰富，主要包括农业废弃物、林业废弃物、畜禽粪便、城镇生活垃圾、有机废水和废渣、能源作物等，每年可能源化利用的生物质资源总量约相当于 4.6 亿 t 标准煤。其中，农业废弃物资源量约 4 亿 t，折算成标准煤量约 2 亿 t；林业废弃物资源量约 3.5 亿 t，折算成标准煤量约 2 亿 t；其他有机废弃物约 6000 万 t 标准煤。中国生物质资源基本情况如图 7.1 所示。

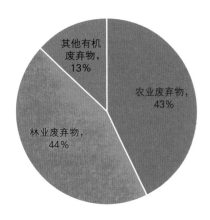

图 7.1 中国生物质资源基本情况

7.2
发展现状

—

截至 2019 年年底，中国生物质发电累计并网装机容量达到

2369 万 kW

其中，农林生物质发电累计并网装机容量

1080 万 kW

生活垃圾焚烧发电累计并网装机容量

1214 万 kW

沼气发电累计并网装机容量

75 万 kW

生物质发电装机规模稳步增长

截至 2019 年年底，中国生物质发电累计并网装机容量达到 2369 万 kW，较 2018 年增加 325 万 kW。其中，农林生物质发电累计并网装机容量 1080 万 kW，较 2018 年新增 121 万 kW；生活垃圾焚烧发电累计并网装机容量 1214 万 kW，较 2018 年新增 199 万 kW；沼气发电累计并

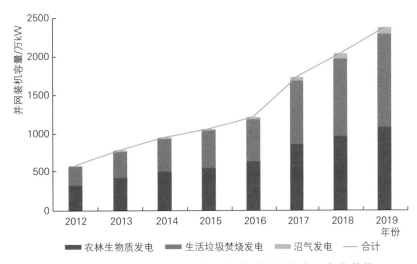

图 7.2 2012—2019 年生物质发电并网装机容量变化趋势

网装机容量 75 万 kW，较 2018 年新增 5.5 万 kW。 2012—2019 年生物质发电并网装机容量变化趋势如图 7.2 所示。

发电量显著提升

2019 年中国生物质发电年发电量约 1111 亿 kW·h，占全部电源总年发电量的 1.5%，占可再生能源年发电量的 5.4%，同比增长 22.6%。其中，农林生物质发电年发电量 468 亿 kW·h，同比增长 14.1%；生活垃圾焚烧发电年发电量 610 亿 kW·h，同比增长 25.4%；沼气发电年发电量 33 亿 kW·h，同比增长 25.8%。 山东、广东、江苏、浙江、安徽生物质发电年发电量位居全国前五，分别为 141 亿 kW·h、120 亿 kW·h、110 亿 kW·h、107 亿 kW·h、98 亿 kW·h；广东、安徽、江苏、浙江、广西生物质发电年发电增长量位居全国前五，分别增长 37 亿 kW·h、20 亿 kW·h、15 亿 kW·h、15 亿 kW·h、12 亿 kW·h。 2011—2019 年生物质发电量变化趋势如图 7.3 所示。

2019 年中国生物质发电
年发电量约
1111 亿 kW·h
占全部电源总年发电量的
1.5%

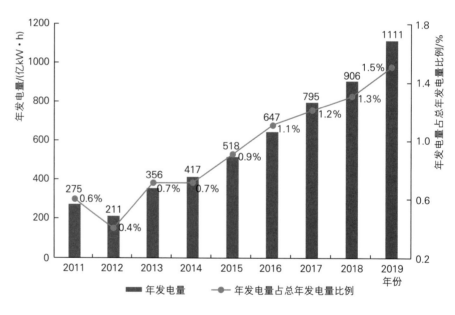

图 7.3　2011—2019 年生物质发电量变化趋势

生物天然气产业化经验逐步积累

截至 2019 年年底，中国已投产运行的商业化生物天然气项目共 14 个，总设计年产气规模约 12775 万 m³，较 2018 年新增 4305 万 m³；年产有机肥量 105.6 万 t。 2019 年年底中国新增已投产运行生物天然气工程项目信息见表 7.1。

截至 2019 年年底，中国已投产运行的商业化生物天然气项目总设计年产气规模约
12775 万 m³
年产有机肥量
105.6 万 t

表 7.1　2019 年年底中国新增已投产运行生物天然气工程项目信息一览表

序号	项目名称	投资单位	日产气量/万 m³	年产气量/万 m³	年有机肥产量/万 t
1	新疆生产建设兵团第九师规模化生物天然气项目	中国广核集团有限公司	2	700	4
2	依兰生物天然气项目	华润（集团）有限公司	2	700	4
3	黑龙江八五三项目	华润（集团）有限公司	2	700	4
4	广西隆安项目	华润（集团）有限公司	1	350	2.1
5	山西神沐日产 2 万 m³ 生物天然气及有机肥生态循环利用试点项目	山西能源交通投资有限公司	2	700	4
6	余江县中船环境再生能源有限公司 300t/d 有机废弃物资源化处置项目	中船重工环境工程有限公司	1.3	455	1.8
7	肥城市畜禽污染物治理与综合利用项目	肥城十方生物能源有限公司	1	350	1.8
8	天水润德日产 1 万 m³ 生物天然气及有机肥生态循环利用项目	天水润德沼气开发工程有限公司	1	350	2.8
	合　计		12.3	4305	24.5

生物质成型燃料供热规模不断扩大

生物质成型燃料是清洁供暖的重要方式之一，截至 2019 年年底，中国生物质成型燃料供热年利用量约 1800 万 t，同比增长 12.5%，主要用于城镇供暖和工业供热等领域。生物质成型燃料供热产业处于规模化

截至 2019 年年底，中国生物质成型燃料供热年利用量约

1800 万 t

发展初期，成型燃料机械制造、专用锅炉制造、燃料燃烧等技术日益成熟，具备规模化、产业化发展基础。

生物液体燃料发展稳步推进

截至 2019 年年底，中国生物液体燃料年产量 400 万 t，其中燃料乙醇年产量 300 万 t，生物柴油年产量 100 万 t。 生物柴油处于产业发展初期，纤维素燃料乙醇加快示范。

生物质发电达到"十三五"规划，非电部分存在差距

截至 2019 年年底，中国生物质能开发利用折合标准煤 4556 万 t，完成"十三五"规划目标的 80% 左右。 除生物质发电外，其他应用领域的产业规划目标存在较大差距，有待进一步加强政策引导、加快发展。 生物质发电规模稳步扩大，生物质发电逐步转向热电联产，生活垃圾焚烧发电发展进一步加快，生物天然气、固体燃料供热逐步向工业化商业化迈进，生物液体燃料示范效应不断放大。

截至 2019 年年底，中国生物质发电累计并网装机容量 2369 万 kW。发电量 1111 亿 kW·h，可替代标准煤量 3206 万 t，提前达到"十三五" 900 亿 kW·h 年发电量和 2660 万 t 替代标准煤量目标。

截至 2019 年年底，中国生物天然气的总产能约 12775 万 m³，可替代 15.3 万 t 标准煤，与规划目标 80 亿 m³、可替代 960 万 t 标准煤的目标尚有较大差距。

截至 2019 年年底，中国生物质成型燃料供热利用规模约为 1800 万 t，可替代标准煤量 900 万 t，完成规划 3000 万 t 利用规模和 1500 万 t 标准煤替代量目标的 60%。

截至 2019 年年底，中国生物液体燃料年产量 400 万 t，折合标准煤替代量 435 万 t，分别完成规划目标 600 万 t 和 680 万 t 标准煤替代量目标的 67% 和 64%。 其中，燃料乙醇年产量 300 万 t，完成规划目标 400 万 t 的 75%；生物柴油年产量 100 万 t，完成规划目标 200 万 t 的 50%。

截至 2019 年年底，生物质能发展与"十三五"规划对比情况如图 7.4 所示。

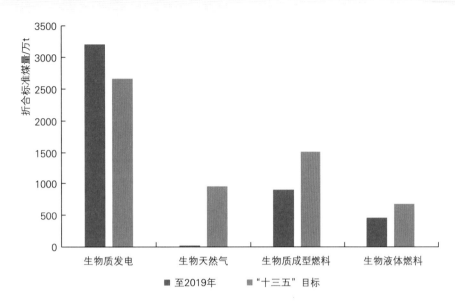

图 7.4　截至 2019 年年底，生物质能发展与"十三五"
规划对比情况（折合标准煤）

7.3
前期管理

生物天然气明确发展方向，纳入国家战略体系

2019 年 12 月 4 日，国家发展改革委联合十部委下发《关于促进生物天然气产业化发展的指导意见》（发改能源规〔2019〕1895 号），明确生物天然气定义和战略定位，首次提出"三级规划＋重点企业规划"的纵横规划模式，支持符合标准的生物天然气并入城镇燃气管网，为产业提供稳定的市场预期，为行业稳步发展指明了方向和创造良好运行环境。

生物质能清洁供暖目标调低至 2.4 亿 m²

2019 年 4 月 10 日，国家能源局、财政部、生态环境部、住房和城乡建设部联合发布《关于开展北方地区清洁取暖中期评估工作的通知》（国能综通电力〔2019〕30 号），对 2017 年 12 月发布的《北方地区冬季清洁取暖规划（2017—2021 年）》（发改能源〔2017〕2100 号）开展中期评估工作。 规划提出到 2021 年北方地区冬季清洁取暖率达到 70%，生物质能清洁供暖面积达到 21 亿 m²。 中期评估提出清洁供暖已完成到 2019 年取暖率达 50% 的中期目标，但生物质能清洁供暖仅完成 1.2 亿 m²，离目标值差距较大，重新调整目标为 2.4 亿 m²，未来 2 年仍有较大发展空间。

生物天然气标准、检测认证及行业监测体系将建立

2019 年 2 月，国家能源局综合司委托相关单位开展生物天然气"三大体系"——标准体系、检测认证体系、行业监测体系的课题研究工作，解决生物天然气行业目前"无规可依""多证多规"等影响行业发展的问题。"三大体系"将分别从项目建设、市场监管与环保监管等方面为产业发展提供支持。

7.4
投资建设

2019 年，中国生物质发电
总投资规模约
508 亿元

生活垃圾焚烧发电投资占比较高

2019 年，中国生物质发电总投资规模约 508 亿元。其中，农林生物质发电投资约 97 亿元，占比 19%；生活垃圾焚烧发电投资约 398 亿元，占比 78%；沼气发电投资约 13 亿元，占比 3%。

单位千瓦造价总体持平，国产装备造价相对较低

2019 年，中国生物质发电技术持续进步带来设备成本下降，但由于人工成本、土地成本等的增加，项目单位千瓦造价同比基本持平。其中，国产设备投资普遍低于进口设备，一般设备造价可降低约 15%～30%。

农林生物质发电投资构成以热力和燃料供应系统为主。农林生物质发电项目单位千瓦造价一般为 7500～8500 元，同比持平，采用国产装备单位造价比引进装备可降低 15% 左右。热电联产项目考虑热网建设投资后有所增加。在项目投资构成中，设备购置占比最高，为 40%；其次为建筑工程，占比 25%。在设备购置投资构成中，热力系统占比最高，为 26%，其次为燃料系统，占比 15%。农林生物质发电项目投资构成如图 7.5 所示。

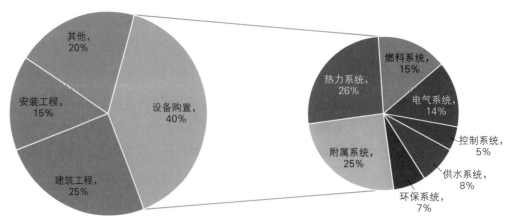

图 7.5 农林生物质发电项目投资构成

生活垃圾焚烧发电投资构成以焚烧和余热利用系统为主。 中国生活垃圾焚烧发电项目单位日吨垃圾处理规模建设投资一般为 40 万～50 万元，同比持平，采用国产装备单位投资比引进装备可降低 20% 左右。 在项目投资造价中，设备购置占比最高，为 35%；其次为建筑工程，为 30%。 在设备购置投资构成中，焚烧系统占比最高，为 24%，其次为余热系统，占比 22%。 生活垃圾焚烧发电项目投资构成如图 7.6 所示。

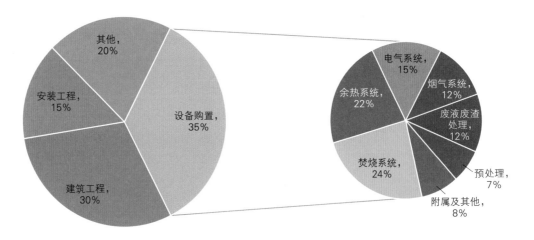

图 7.6　生活垃圾焚烧发电项目投资构成

沼气发电投资构成以有机物厌氧发酵系统或垃圾填埋气收集系统为主。 沼气发电单位千瓦装机投资造价一般为 1 万～4 万元，同比持平。其中，采用国产装备单位投资比引进装备可降低 25% 左右。 在项目投资构成中，设备购置占比最高，占比 51%；其次为建筑工程，占比 34%。 在设备购置构成中，沼气系统占比最高，为 65%；其次为环保系统，占比 15%。 沼气发电项目投资构成如图 7.7 所示。

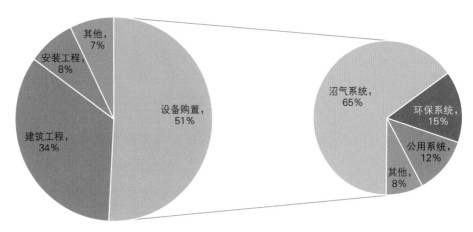

图 7.7　沼气发电项目投资构成

7.5
运行消纳

2019 年，中国生物质发电
年平均利用小时数达
5181h

年利用小时数保持较高水平

生物质发电兼具资源、环境、经济和社会效益，项目选址以城镇周边为主，用电负荷相对集中，发电负荷稳定，并承担着城乡固体废弃物无害化、减量化和资源化处理任务，基本不存在调峰弃电情况。 生物质发电利用小时数主要取决于燃料供应的数量和质量。 2019 年，中国生物质发电年平均利用小时数达 5181h，较 2018 年减少 33h。 其中，农林生物质发电年利用小时数 4596h，较 2018 年减少 14h；生活垃圾焚烧发电年利用小时数 5777h，较 2018 年减少 79h；沼气发电年利用小时数 4731h，较 2018 年减少 14h。 生活垃圾焚烧发电主要处理城镇生活垃圾，原料收储运设施完善、供应稳定性高，年利用小时数明显高于农林生物质发电和沼气发电。 2011—2019 年生物质发电年平均利用小时数情况如图 7.8 所示。

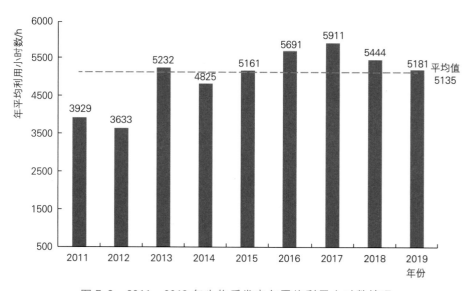

图 7.8　2011—2019 年生物质发电年平均利用小时数情况

7.6
技术进步

再热型机组陆续出现，参数进一步提高

2019 年，生物质发电机组参数逐步提高，再热型机组陆续出现，发电效率进一步提升。 垃圾焚烧发电机组参数由中温中压向中温超高压发展，农林生物质发电机组参数由高温高压逐步迈向高温超高压。 2019年 11 月，光大环保能源（苏州）有限公司垃圾焚烧发电项目成功并网并带满负荷，汽轮机进汽参数为 12.6MPa/425℃/405℃，是全球最高参数再热型垃圾发电机组。

生物天然气核心技术国产化进程加快

生物天然气工程的核心工艺为厌氧发酵工艺，可分为传统厌氧发酵系统、分级分相厌氧系统和干式厌氧系统。 2019 年，华润（集团）有限公司探索应用多原料混合中高温干式和中高温半干式厌氧发酵核心技术工艺，探索不同原料混合发酵产气效率以提升核心工艺，形成可复制、可推广技术模式。 2019 年投产项目较多，经验逐步积累，通过整合各类市场主体，生物天然气设计、施工、技术、工艺、运营、服务、安全、环保等各环节专业化、工业化，行业整体竞争力有较大提升。

生物液体燃料应用领域示范推广突破

生物航油示范工程取得突破，中国南方航空集团有限公司实现首次使用生物航油执行洲际飞行任务。 农林废弃生物质制备航空燃油新技术即将开展商业应用，纤维素乙醇化学催化制备方面取得重要突破，实现了纤维素—乙醇一步水相转化。 截至 2019 年年底，中国已在天津、黑龙江、吉林、辽宁、河南、安徽 6 省（直辖市）全境推广应用燃料乙醇，在广西、内蒙古、江苏、河北、广东、山东和湖北部分区域推广应用燃料乙醇，对保护环境、促进当地农民增收、保障油气安全起到较好作用。

7.7
发展特点

生物天然气产气规模大幅增长，供热能力有所提高

生物质非电利用主要体现在利用生物天然气和生物质成型燃料供热。"十三五"前两年，生物天然气发展较为缓慢，2019 年国家再次颁布新政策扶持行业发展。 截至 2019 年年底，建成投产运行的商业化生物天然气项目已达 14 个，总生产规模约 12775 万 m^3，同比增长 89.8%。预计到 2020 年年底，生物天然气产气总规模将超 2 亿 m^3。 生物质成型燃料作为生物质能清洁供暖的重要方式之一，利用规模由 2010 年的 300万 t 提高到 2019 年的 1800 万 t，年均增长率达 22%。

中西北部地区逐步成为生物质发电主要发展区域

2019 年生物质发电新增并网装机容量 325 万 kW，从新增并网项目的布局看，东南部地区的增速放缓，新增项目逐步向中西北部地区推进，发展布局趋于平衡。 西北地区生物质发电新增并网装机容量 21 万

kW，同比增长 69.9%，华中、华北地区同比增长 21.6% 和 18.1%。 其中，农林生物质发电装机规模增长最快区域主要为西北和华中地区，同比增长 29.6% 和 22.6%，垃圾焚烧发电装机规模增长最快区域为西北和东北地区，同比增长 118.3% 和 32.6%，沼气发电装机规模增长最快区域为东北和华中地区，同比增长 40.8% 和 15.0%。 2019 年生物质发电装机规模增速对比如图 7.9 所示。 从各区域的装机容量来看，华东、华南占全国一半装机容量，西北、华中的装机容量尚不足全国装机容量的 20%，中西北部地区生物质发电有较大发展空间。 2019 年各区域生物质发电装机容量如图 7.10 所示。

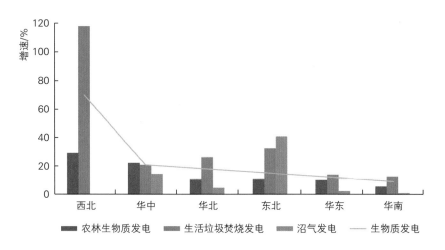

图 7.9　2019 年生物质发电装机规模增速对比图

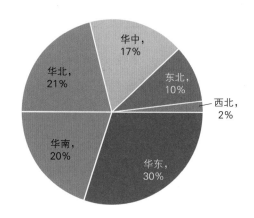

图 7.10　2019 年各区域生物质发电装机容量图

垃圾分类为生活垃圾焚烧发电产业带来新机遇

随着中国经济持续增长，城镇化水平进一步提高，城镇生活垃圾随之增长。 同时，各地垃圾分类政策稳步推进，绿色发展理念为生活垃圾焚烧发电带来新的发展机遇。2019 年生活垃圾焚烧发电、农林生物质发电、沼气发电新增并网规模分别为 199 万 kW、121 万 kW、5.5 万 kW，生活垃圾焚烧发电连续 3 年领跑生物质发电行业。截至 2019 年年底，中国除青海外，内地 30 个省（自治区、直辖市）均拥有生活垃圾焚烧发电投产并网项目，累计并网装机容量 1214 万 kW，同比增长 19.6%。2019 年生活垃圾焚烧发电、沼气发电、农林生物质发电的利用小时数分别为 5777h、4731h、4596h，生活垃圾焚烧发电远超沼气发电和农林生物质发电。"十三五"期间不同类型生物质发电新增装机情况如图 7.11 所示。

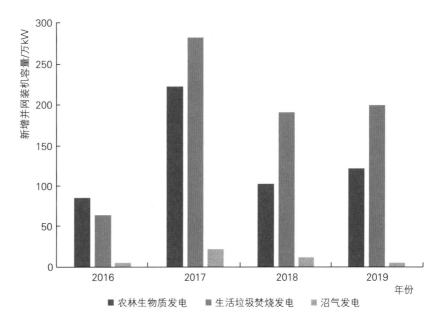

图 7.11　"十三五"期间不同类型生物质发电新增装机情况

7.8 趋势展望

非电利用成为生物质能未来发展方向

2019 年开展的可再生能源法执法检查与评估工作中，数次强调要加强可再生能源非电利用，将生物质非电利用提到了新的战略高度。生物质能将坚持多元化、因地制宜和分布式发展原则，统筹考虑能源、农业、环保等协同发展，将生物质能产业发展与乡村振兴战略相结合、与农业农村绿色发展相结合，在稳定政策扶持的基础上，加快生物天然气、生物质能供热、生物液体燃料等非电利用产业发展。

分布式仍是生物质能项目开发建设的重要方式

生物质能是可再生能源产业中最具备绿色发展属性、最贴合农村经济发展模式的产业，具有"就近收集、就近加工、就近转化、就近消纳"的典型分布式发展特征。 随着中国生物质能产业结构与项目开发建设布局的不断优化，未来生物质能项目开发将以区域资源和用能特性为基础，统一开发布局，就近建设于用户侧，直接面向工业园区、大型商场、医院、小区等终端用户，为用户提供电力、热力、燃气等多元化能源，形成区域原料的分布式开发建设模式。

2020 年继续坚持技术研发，推动成本降低

2020 年是"十三五"规划的收官之年，中国生物质发电利用规模预计将达到 2550 万 kW，年发电量 1275 亿 kW·h，生物天然气年产量 2 亿 m³，生物质成型燃料利用量 1900 万 t，生物液体燃料年产量将达到 420 万 t，全国生物质能利用量将达到约 5000 万 t 标准煤。 生物天然气领域内的特大型反应器工艺设计、高固体物料发酵进出料、固液分离和搅拌等技术有望实现突破，推动成本降低，创新的生物有机肥产供销模式将成为生物天然气企业效益增长的关键因素。 生物质专用锅炉设备制造的标准化、系列化、成套化将成为趋势，生物质供热在中小城市、乡镇和产业园区的应用空间不断扩大。 生物液体燃料技术重点将向利用非粮生物质资源的多元化生物炼制方向发展，纤维素燃料乙醇的示范应用继续推广，并将向航空燃料、化工基础原料等应用领域不断扩展。

"十四五"期间，生物天然气、生物质供热实现产业化发展

中国生物质能进入高质量发展阶段。 生物质发电产业发展稳中求进，农林生物质发电项目单位千瓦造价、城市生活垃圾焚烧发电项目单位日吨垃圾处理规模造价有所降低。 生物成型燃料年利用量稳步增长，生物质固体燃料供热逐步实现规模化发展。 不断推进纤维素乙醇的示范应用，扩大纤维素燃料乙醇和生物柴油商业化利用。 生物天然气产业步入快速发展期，设备基本实现国产化，将建立一批生物质资源收集、加工设备、产品炉具、工程建设、专业服务标准体系、培育能提供专业化服务的生物质资源利用龙头企业。 生物天然气将成为天然气的重要补充，保障国家能源安全。

7.9
发展建议

依据环保特点，明确生物质能产业发展定位

生物质能应充分利用绿色、分布式的特点，在农村能源革命、乡村振兴等战略的指引下积极推广发展，通过必要的政策扶持，稳定垃圾焚

烧发电市场，加快生物天然气和供热等非电利用产业化发展，将生物质能发展成改善城乡环境发展的代表型产业、推进农村能源革命的支柱型产业和实现乡村振兴创新型产业，以点带面，发挥更大的社会效益和环保效益。

纳入国家战略，完善财政、环保等支持政策

建议将生物质能利用纳入国家能源、环保、农业发展总体战略，统筹考虑各方需求，协同完善生物质能发展政策体系，充分发挥生物质能不同利用模式的综合效益，推进生物质能开发利用。建议加强生物质非电利用发展的政策激励，研究财政补贴政策，增加终端产品补贴类型，据实评估生物质能项目排放水平，出台针对生物质能项目的环保政策，推动生物质能的多元化发展，提升生物质能的有效性和经济性。

加强生物质能项目建设、运行、排放、产品认证等监管

加强对生物质能项目建设和运行监管，完善数据统计体系，保障产品质量和安全，加强标准认证管理，做好环保监管，建立生物质能服务体系。加强工程咨询、技术服务等产业能力建设，支撑生物质能产业可持续发展。

加快建立生物能供气、供热产业标准体系

以生物天然气、生物质成型燃料为重点，全面开展生物质能标准体系研究，建立健全技术标准体系，推动一批核心标准规范的研究编制与印发，形成相关产品技术检测和认证机制。

8

地热能

8.1
资源概况

中国 336 个主要城市浅层
地热能年可开采资源量折合
标准煤

7 亿 t

中深层地热能年可开采资源量
折合标准煤

18.65 亿 t

（回灌情景下）

全国埋深 3000～10000m 深层
地热基础资源量折合标准煤

856 万亿 t

地热资源丰富，分布广泛

中国地热资源丰富，包括浅层、中深层和深层等 3 种资源类型。 根据地热资源评价结果显示，中国 336 个主要城市浅层地热能年可开采资源量折合标准煤 7 亿 t，中深层地热能年可开采资源量折合标准煤 18.65 亿 t（回灌情景下），全国埋深 3000～10000m 深层地热基础资源量约为 2.5×10^{25} J，折合标准煤 856 万亿 t。

中国地热资源分布广泛。 西藏、四川和云南等西部高温资源丰富，东部地区以中低温地热资源为主。 黄淮海平原和长江中下游平原地区最适宜浅层地热能开发利用。 中深层地热能方面，中低温型地热资源主要分布在华北、松辽、苏北、江汉、鄂尔多斯、四川等平原（盆地），以及东南沿海、胶东半岛和辽东半岛等山地丘陵地区；高温型地热资源主要分布于西藏南部、云南西部、四川西部和台湾地区。 中国中深层水热型地热资源分布如图 8.1 所示。

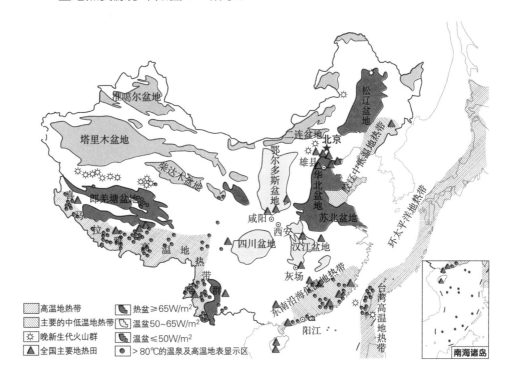

图 8.1 中国中深层水热型地热资源分布图

地热资源开发潜力巨大

一是在浅层地热资源方面，中国 336 个地级以上城市大部分土地面积适宜利用浅层地热能，可实现供暖制冷面积 326 亿 m²。 其中，中东部共 143 个地级以上城市年可开采资源量折合标准煤 4.6 亿 t，可实现供暖制冷面积 210 亿 m²；京津冀 13 个地级以上城市年可开采资源量折合标准煤 0.92 亿 t，可实现夏季制冷面积为 35 亿 m²，冬季供暖面积 29 亿 m²；长三角 26 个地级以上城市年可开采资源量折合标准煤 1.4 亿 t，可实现夏季制冷面积 39.4 亿 m²，冬季供暖面积 52.1 亿 m²。 二是在中深层地热资源方面，全国中深层地热水资源以中低温为主，高温为辅，每年可开采资源量折合标准煤 18.28 亿 t。 其余山地丘陵区中低温地热资源折合标准煤 0.19 亿 t，温泉多分布其中。 高温地热水资源每年可开采资源量折合标准煤 0.18 亿 t。 三是在深层地热资源方面，经初步测算，如果开发利用地下 3000～10000m 范围资源总量的 2%，即相当于全国能源年总消耗量的 4040 倍。

总体来说，中国地热资源开发潜力巨大。 除岩热型资源外，中国地热资源年可开采资源量折合标准煤 26 亿 t，目前年开采资源量 2500 万 t，开发利用量不足 1%。 中国地热资源利用量仅占全国能源消耗总量的 0.6%。 在中国能源消费结构中，地热能利用占比每提高 1 个百分点，相当于替代标准煤 3750 万 t，减排二氧化碳 9400 万 t、二氧化硫 90 万 t、氮氧化物 26 万 t。

8.2 发展现状

地热资源勘查取得进步

自然资源部中国地质调查局协调四方联动机制，组织实施雄安新区地热清洁能源调查评价，公布了雄安新区地热资源勘查一期评价报告。 报告数据显示：首批勘查的地热资源可观，雄安新区容东片区深部水热型地热供暖总能力约 300 万 m²。 雄安新区地热勘查 D35 孔，井深 3853m，井口水温 108.9℃，孔底温度 116℃，汽水混合物流量达到 250m³/h。 该地热井水温、水量达到河北省最高，能够满足 50 多万 m² 的供暖需求。

自然资源部在中央财政地质调查专项中设立"干热岩资源调查与勘查试采示范工程"，其中，2019 年已落实经费 1.04 亿元，全力推进共和盆地干热岩调查评价与勘查示范和共和盆地恰卜恰干热岩试验性开发与评价。 自然资源部、国家能源局根据规划加大青海省及全国干热岩勘查力度，以共和-贵德盆地为重点，积极推进落实干热岩开发与利用计划及有关试验项目。 2019 年 6 月，高温干热岩勘查井——青海共和 GR1 井测井作业开工，标志着中国干热岩资源科技攻关从室内试验进入到场地开发阶段。 7 月，顺利完成测井工作并提交测井评价成果。

浅层地热能利用位居世界第一

根据有关统计数据，按照 6% 的增幅计算，2019 年中国地源热泵供暖（制冷）建筑面积约 8.41 亿 m²，位居世界第一。 从北到南，以土壤源热泵为主逐步过渡到地表水源热泵居多，主要分布在北京、天津、河北、辽宁、山东、重庆、湖北、江苏、上海等省（直辖市）的城区，北京、天津、河北开发利用规模最大。

中深层地热能利用持续增长

根据有关统计数据，截至 2019 年年底，中国北方地区中深层地热供暖面积累计约 2.82 亿 m²，同比增长 12.4%。 近 10 年来以年均 10% 的速度持续增长。 其中，河南、山东、河北等地增长较快，形成较大的开发利用规模，在散煤替代和实现区域清洁取暖方面发挥了较大作用。

1994—2019 年中国中深层水热型和浅层地热开发利用规模变化趋势如图 8.2 所示。

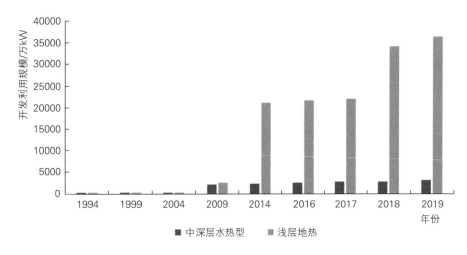

图 8.2 1994—2019 年中国中深层水热型和浅层地热开发利用规模变化趋势图

地热发电相继启动

2019 年 2 月，西藏羊易一期 16MW 地热电站工程满负荷试验运行成功。 通过整改优化，地热 ORC 机组达到稳定运行条件，发电机组首次进入满负荷试验运行，各项运行指标参数优良。 12 月，中国核工业集团有限公司和国家电网有限公司完成《西藏羊八井地热发电项目合作协议》的签署及一系列前期工作，为羊八井地热发电二期项目开发工作的全面启动创造了良好条件。 基于西藏丰富的高温地热资源和地热电站作为当地电网骨干电源的优越性，中国核工业集团有限公司、中国石油化工集团有限公司、北京控股集团有限公司和杭州锦江集团有限公司等企业，开始在西藏高温地热资源富集和并网条件优越地区规划建设若干地热发电项目。

油田地热开发取得积极效益

油田地热开发陆续形成项目突破。 华北油田陆续在供暖、生产伴热、发电等领域进行地热项目的开发利用，单日利用热水量 32000m³，节能达 14000t 标准煤。 2019 年 12 月，华北油田首个规模化民用社区地热项目——任丘市石油新城（一期）正式实施地热供暖，供热面积 63 万 m²，运营期间每年可替代标准煤 9300t，减排二氧化碳 1.7 万 t。 这是中国石油天然气集团有限公司首个具有油田特色的综合利用潜山高温地热水、砂岩地热水及油田产出余热水的居民供暖项目。 胜利油田通过对地层和井筒的进一步改造，使地面产出流体达到中低温地热发电要求，根据油田实际开发出地热发电技术和地热采油工艺，取得了积极效益。

温泉热水利用已具规模

根据有关数据测算，2019 年中国温泉之都（城、乡）的利用规模达到 660.8 万 kW，用能折合供暖面积 1.65 亿 m²。 有 5 座城市获得"温泉之都"的称号、22 座获得"温泉之城"的称号、42 座获得"温泉之乡"的称号，温泉热水利用取得持续发展。

8.3
前期管理

行业政策推动地热能开发利用

2019 年 4 月，财政部、国家税务总局发布《关于延续供热企业增值税 房产税 城镇土地使用税优惠政策的通知》（财税〔2019〕38 号）。 该通知指出，"三北"地区自 2019 年 1 月 1 日至 2020 年供暖期结束，包括地热供暖企业在内，向居民个人供热取得的采暖费收入免征增值税，使市场建设主体得到实惠。

2019 年 8 月，十三届全国人民代表大会常务委员会第十二次会议表决通过了《中华人民共和国资源税法》。 该法明确将试点征收水资源税。 其中规定：国务院根据国民经济和社会发展需要，依照本法的原则，对地热开发利用取用地表水或者地下水的单位和个人试点征收水资源税。征收水资源税的，停止征收水资源费。

2019 年 10 月，生态环境部公布《京津冀及周边地区 2019—2020 年秋冬季大气污染综合治理攻坚行动方案》（环大气〔2019〕88 号），根据各地上报，2019 年 10 月底前，"2 + 26"城市完成散煤替代 524 万户。各地散煤燃烧取暖治理任务中，包括地热供暖等方式替代比例超过 50%。

2019 年 12 月，在第十三届全国人民代表大会常务委员会第十五次会议上，执法检查组关于检查《中华人民共和国可再生能源法》实施情况的报告中提到，要补足可再生能源非电利用短板，加快扩大地热供暖在北方地区清洁取暖中的规模和商业化应用，探索地热能梯级综合高效利用技术体系和商业模式，进一步指明了地热行业发展的方向和思路。

各地积极支持地热产业发展

相继有多个省（直辖市）出台了支持产业发展的相关政策。河南省发展改革委等 6 部门出台《河南省促进地热能供暖的指导意见》（豫发改能源〔2019〕451 号），提出加快地热资源勘查与选区评价、持续推进地热清洁供暖规模化利用试点、积极发展中深层地热供暖、提升浅层地热能开发利用水平、建立地热供暖监测体系和完善地热供暖产业服务体系等 6 项重点任务。北京市发展改革委等 8 部门出台《关于进一步加快热泵系统应用　推动清洁供暖的实施意见》。该意见提出：到 2022 年，北京市新增热泵系统利用面积 2000 万 m^2，累计利用面积达到 8000 万 m^2，约占全市供热面积 8% 左右。陕西省开展中深层地热能建筑供热试点示范，确定了 1 个中深层地热能建筑供热试点示范区和 4 个试点示范项目。黑龙江省住建厅等 4 部门出台《关于加强黑龙江省地热能供暖管理的指导意见》，提出将通过政府引导、市场运作方式，推进地热供暖项目试点示范建设，促进地热供暖可持续发展。

《山东省绿色建筑促进办法》开始施行，规定居住建筑采用地热能等可再生能源供暖、制冷、热水供应的，其用电按照国家和山东省有关规定享受优惠。《天津市地热资源管理办法》开始实施，强化地热资源精细化管理，促进地热资源可持续利用。

开展国际地热多方交流合作

2019 年 3 月，山东科瑞石油装备有限公司联合东非某地热开发公司成功签订埃塞俄比亚国家电力公司地热能源开发合同，合同金额逾 8000 万美元。 该项目是埃塞俄比亚地热领域最大项目。 5 月，中国核工业集团有限公司与中国石油天然气集团有限公司合作签订肯尼亚项目地热资源综合开发利用合作协议。 此次合作是落实中肯两国元首达成的地热开发重要共识、积极响应"一带一路"倡议的重大举措，也是双方在地热资源开发利用领域首次重大合作。 9 月，在第三届中国—阿拉伯国家技术转移与创新合作大会上，中国—阿拉伯国家技术转移中心（CASTTC，国际级技术转移机构）发布的"绿色低碳中深层地热能开发供暖技术"，是主推的 10 项重要技术成果之一。

2019 年 11 月，由国家地热能中心联合中国能源研究会地热专业委员会、中国矿业联合会地热开发管理专业委员会、中国地球物理学会地热专业委员会、中国地质学会地热专业委员会等专业组织，代表国家能源局申办 2023 年世界地热大会，成功获得 2023 年世界地热大会主办权。 中国举办世界地热大会，将加速国内地热产业的国际化发展进程。

8.4 投资建设

产业投资建设面临战略机遇

当前，中国地热产业正处在战略机遇期。 据初步测算，"十三五"期间，地热产业将拉动直接投资 4000 亿元，可提供近 80 万个就业岗位，并带动地热全产业链总投资突破 1 万亿元。 到 2035 年，将累计带动地热全产业链总投资达 5 万亿元。

地热供暖的技术成本有望降低

全国各地区地热发展程度不尽相同、资源条件差异性较大。 目前，以北京市为例，考虑到当地供暖用热量、电价、燃料价格等因素，中深层地热水供暖单位投资约 180 元/m²，供暖成本约 20 元/m²，适宜中深层地热资源丰富、地质条件较好的地区；浅层土壤源热泵供暖单位投资约 150 元/m²，供暖成本约 25 元/m²，适宜土壤比较松软、气候较湿润、有安装条件的地区；污水源热泵供暖单位投资约 70 元/m²，供暖成本一般为 25～30 元/m²，适宜附近有固定的水源（城市污水、工业中水等）且流量稳定，城市原生污水温度在 12℃ 以上，水质 pH 值 6～8 的地区。 随着高效换热、中高温热泵技术突破和装备研发制造进步，地热供暖的技术成本有望降低。

8.5 技术进步

地热资源勘探技术不断成熟

在大地热流场、地热成因、热富集规律分析、地热能资源评价等方面取得一系列研究成果。初步形成从重磁电普查到地震勘探详查的多种方法综合地球物理勘探技术。基本建立了一套基于气体、水和岩石的化学与同位素等地球化学方法。钻井技术取得很大进步。

中深层地源热泵研发应用活跃

中深层地源热泵是一种新型地热能利用技术。由于岩土具有向下温度逐步升高分布的特点，因此该技术适合单向取热，用于建筑供暖。近年来，在陕西西安、河北邯郸、甘肃通渭等地已有多个项目示范应用。主要采用同轴套管式换热器或 U 形管式换热器，相应的技术路径也在不断完善。当前，中深层地源热泵的研发应用活跃，成为行业关注热点。

深部地热储层改造增产技术取得突破

经过近一年攻关，国家重点研发计划课题"深部地热资源动态评价方法与储层改造增产关键技术"取得重要突破。该研究针对京津冀地区深部岩溶热储的储层特征，探索耐高温缓释酸液配方，通过控制酸液与碳酸盐岩反应速度，扩大储层改造的波及范围，并制订了酸化压裂储层改造技术方案，选择岩溶热储深井实施了技术试验。结果显示：对 4000m 深部地热储层实施改造后，单井涌水量从每日 3120m³ 提高到每日 4800m³，产能增加 54%，超过国家重点研发计划 20% 的考核指标。

地热能行业标准体系初步建立

2019 年 11 月，国家能源局批准了浅层地热开发监测、地热勘探、热储评价、地热钻井、录井、测井、地热发电、地热供热、余热利用、换热等方面的 16 项行业标准。目前，已制定能源行业地热能专业标准 57 项，发布出版 19 项，地热能行业标准体系初步建立。

8.6 发展特点

地热能开发利用呈现多元化发展

从开发方式来说，地热能开发利用包括直接利用和发电。地热直接利用包括供暖、制冷、温室种植、养殖、温泉洗浴、融雪和工业干燥等。目前，中国地热能开发利用以直接利用为主，以地热供暖、洗浴、种植、养殖为代表的地能热直接利用，在地热能开发利用结构中占比85.9%以上。

依据地热资源禀赋分布和市场需求，各地因地制宜，浅层地热供暖（制冷）在国内全面铺开。近年来，特别是在长江中下游地区、粤港澳大湾区得到快速发展；中深层地热供暖持续增长，初步形成河北雄安新区、河南省地热供暖城市群；地热发电稳步推进，装机容量进一步提高；积极探索深层地热能开发利用。

总之，地热能由浅层、中深层到深层地热资源的多元化开发，从而加强综合利用，攻关干热岩开发技术，创建龙头企业带动、示范工程先行的地热产业运行模式，最终形成以地热产业能源化利用为主线，浅层、中深层及深层开发利用并举的多元化发展格局。

中深层地热供暖区域型规模化程度加快

中深层水热型地热供暖项目运行成本较低，具有较好的经济性。项目一般可实现 30～50 年长期运营，收益具有稳定性和持续性，随着时间推移整体现金流持续稳定增加。加之其零排放，绿色环保，环境效益显著。以河南、山东、河北 3 省为例，河南省开展了郑州、开封、安阳、周口等 11 个地市的中深层地热能清洁取暖规模化试点工作；山东省坚持长期开展砂岩热储技术攻关和项目建设，形成砂岩地热供暖为特点的开发方式；河北省中深层地热供暖面积在集中供暖总面积的占比较大，广大平原地区几乎每个县区都有地热井。2019 年上述 3 省的中深层地热供暖面积分别达到 8900 万 m²、6100 万 m² 和 1.6 亿 m²，中深层地热供暖区域型规模化程度明显加快。

浅层地源热泵应用全方位推进

以北京市城市副中心、世界园艺博览会、大兴国际机场航站楼及临空经济区、亦庄新城等地热重点工程建设为标志，将为全国浅层地热能的规模化推动起到引领示范作用。哈尔滨市出台了《2019—2021 年冬季清洁取暖实施方案》，积极推进 620 万 m² 的污水源热泵项目建设。

随着社会经济的发展，南方地区冬季供暖需求与人民生活水平提高的矛盾日益突出，伴随供热线逐渐南移（见图 8.3），南方供暖呼声高涨，实现南方供暖已是大势所趋。以地表水源热泵和土壤源热泵为主的地热供暖（制冷）在重庆、湖北、湖南、安徽、江苏及上海等长江中下游地区全面铺开，成为解决南方供暖问题的有效途径。 由北向南，浅层地源热泵应用实现全方位推进。

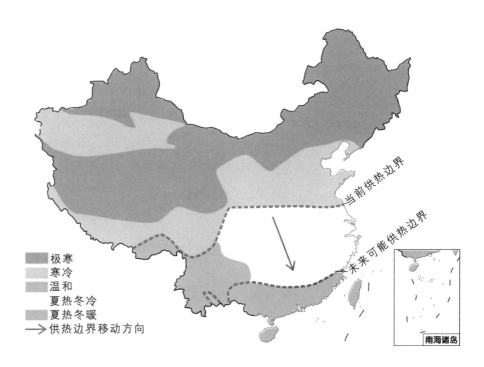

图 8.3　未来中国大陆地区冬季供热趋势图

地热发电逐步成为区域电源主要组成部分

地热发电的平均能源利用系数在可再生能源发电中是最高的。 地热发电具有稳定性、可靠性和电网弹性，优于其他可再生电力的波动性和间歇性，有能力承担替代传统化石燃料能源的重任，是区域电网优质的骨干电源。 西藏羊八井地热电站建设运行至今，为缓解拉萨电力紧缺状况发挥了一定作用，随着西藏、云南和四川等地区地热发电开发建设规模的不断扩大，将逐步支撑区域增量电源。

8.7
趋势展望

国内地热能开发利用市场前景广阔，其发展趋势是浅层地热供暖（制冷）向分布式大型化方向发展，中深层地热供暖商业开发模式日趋成熟，梯级综合利用促进地热能源效率提升，"地热能＋"提供综合能源系统解决方案。

浅层地热供暖（制冷）向分布式大型化方向发展

纵观一年以来的国内浅层地热供暖（制冷）项目建设态势，大型项目层出不穷,规模屡创纪录。 2019 年 6 月,北京大兴国际机场地源热泵工程 1 号能源站开始供冷,标志着目前国内最大的多能互补地源热泵系统工程启动供冷运行。 根据测算,北京大兴国际机场地源热泵系统每年能提取浅层地热能 56.36 万 GJ,实现机场公共区域近 250 万 ㎡ 场地的供热制冷。 2019 年 8 月,全国规模最大的再生水源集中供热(制冷)项目在西安大兴新区全面建成投用,目前供热能力已达到 200 万 ㎡。 2019 年 10 月,南京江北新区江水源热泵供冷供热项目 6 号能源站顺利封顶(见图 8.4),标志着该项目第一个重大节点圆满完成。 此能源站是目前国内规模最大的可再生能源集中供冷供热项目,将于 2020 年一季度起投用,为市民中心及其周边片区建筑群供冷供热,覆盖江北新区中心区1600 万 ㎡ 的建筑。

图 8.4　南京江北新区江水源热泵供冷供热
项目 6 号能源站施工现场

当前,浅层地热能在百万至千万平方米的大型建筑群应用中,正以独特的优势在清洁取暖(制冷)领域崭露头角,浅层地热供暖(制冷)向分布式大型化方向发展。

中深层地热供暖商业开发模式日趋成熟

随着北方地区冬季清洁取暖工作的逐步深入,中深层地热供暖成区连片开发 + 特许经营权的建设运营模式在河南省地热供暖规模化试点城市得到广泛应用。 中国电建集团河南工程有限公司承建的郑州市首批地热民生供暖示范项目(见图 8.5),实现了当年开工建设、当年竣工投产,高效完成首期供暖任务,解决了郑州市部分小区无法接入市政供暖的难题,具有良好的经济效益和社会效益。 中深层地热供暖商业开发模式日趋成熟。

图 8.5 郑州市首批地热民生供暖示范项目

地热能开发利用市场前景广阔

《北方地区冬季清洁取暖规划(2017—2021 年)》(发改能源〔2017〕2100 号)将地热供暖放在可再生能源供暖方式的首位,并提出到 2021 年,地热供暖面积达到 10 亿 ㎡,其中,中深层地热供暖 5 亿 ㎡,浅层地热供暖 5 亿 ㎡。 加快推动地热供暖对于调整能源结构、节能减排、改善环境具有重要意义。 结合资源发展潜力分析结果,以地热供暖(制冷)、地热发电和温泉康养洗浴为主的地热能开发利用市场前景广阔。

梯级综合利用促进地热能源效率提升

2019 年,自然资源部初步建成京津冀地热资源梯级综合利用示范基地,实现首期 280kW 地热发电和 3 万 ㎡ 建筑物供暖两级综合利用,形成了京津冀深部碳酸盐岩热储高效利用新模式。 中深层地热能的开发利用已由初期的一次性利用,向综合梯级集约化利用方向转化,开始重视地热资源的综合梯级利用,提高资源利用率和经济社会效益。 同时,注重采灌均衡,建立地热水开采总量控制机制,优化采灌井网系统布局,提高尾水经济回灌技术水平和回灌率,保证地热资源的可持续利用,促进地热能源效率提升。

"地热能＋"提供综合能源系统解决方案

伴随地热能开发利用立体规模化发展，"地热能＋"成为推进地热能与风能、太阳能、生物质能、天然气等各类可再生清洁能源进行多能互补、集成优化、开展综合能源服务的重要手段。 以北京 2019 年世界园艺博览会为例，世界园艺博览会启用的"地源热泵＋蓄冷蓄热＋深层地热＋燃气锅炉调峰"的综合能源供应系统，相比常规的"燃气锅炉＋冷水机组系统"，每年可节约标准煤约 8344t，减少二氧化碳排放 15603t，减少二氧化硫排放 140t，减少氮氧化物排放 30t，减少悬浮质粉尘 100t，发挥了显著的节能减排社会效益。

发展展望

近期 2020 年：发展中低温地热资源能源化利用，加大地热供暖（制冷）发展规模。 预计到 2020 年年底，北方地区地热供暖面积累计将达到 5.41 亿 m^2。 中期 2025 年：北方地区地热供暖面积快速增长，浅层和中深层地热供暖技术完全成熟并进入商业化应用，深层干热岩型地热综合利用取得初步进展。 远期 2035 年：地热供暖（制冷）成为主要建筑供能方式，深层干热岩型地热综合利用得到初步规模化、商业化发展。

8.8 发展建议

加强地热能规划的统筹衔接

发挥地热能规划中发展方向、目标、规模等方面的先导引领作用，加强规划与国土空间、水资源利用、基础设施建设等相关规划的统筹，注重国家和地方各级地热能规划的目标衔接。 把地热能规划纳入国土空间规划体系，将地热供暖（制冷）纳入当地基础设施建设专项规划。 结合地热能规划的编制工作，实现地热能开发利用的科学布局，高效发展。

完善地热能开发利用顶层设计

为加强对地热能开发利用的统一管理，指导、协调和规范地热行业发展，制定、组织实施产业发展政策、规划和监督管理工作，进一步理顺管理体制机制，保障地热产业有序、健康、可持续发展，建议加快推动完善地热能开发利用管理相关工作部署。

先行先试建设地热能高质量发展示范区

建议总结各地区可复制、可创新的地热能开发实践经验，及时推广典型案例。通过管理、资源税费、电费、财政补贴等方面的政策支持，以总量控制为目标，先行先试开展地热能高质量发展示范区建设，以点带面快速带动地热能开发利用的规模化发展。通过动态监管和定期评估等措施，推动地热能成为北方地区清洁取暖的重要力量。

加大地热能关键核心技术研发能力的培养提升

通过加强地热能多部门多学科的协调配合，依托实际地热项目，推动市场主体发挥技术创新主导作用，重点聚焦关键性、人有我无、制约和影响地热行业技术稳步发展等方面的"卡脖子""补短板"关键技术研究内容，大力提升地热能技术创新能力。鼓励企业开展地热资源精准勘查与选区评价、砂岩经济回灌、高温地热成井工艺、深层地热钻井造储等关键技术创新攻关，推动物探、地热勘探设备和地热中低温双工质发电机组等重要装备、核心元器件的制造能力和国产化进程，提升产品的稳定性和可靠性。紧跟世界研发方向和趋势，探索深层地热柔性造储、冷热电联供等前沿勘查技术研发，适时开展试验推广，推动产业化进程。

9

国际合作

9.1
可再生能源
国际合作
综述

2019 年是"四个革命、一个合作"能源安全新战略提出 5 周年。 在"一带一路"倡议指引下，中国持续开展了形式多样、内容丰富的可再生能源国际合作，有效提升了中国在全球能源治理中的话语权和影响力，为推动全球能源低碳可持续发展做出了应有的贡献。

政府间合作方面，一是充分利用"一带一路"、G20、APEC、东亚峰会、金砖能源部长会等国际平台，积极宣传中国能源发展政策，推动与其他国家的能源合作，积极参与和引领全球能源治理；二是进一步加强与周边国家能源合作关系，全面深化与欧洲、拉美、中东国家能源合作，深耕细作，推动能源双边合作走深走实。 企业合作方面，在政府"走出去"政策有力推动下，能源企业在项目投资与建设、产业链出口、技术创新合作等方面取得可喜成绩，在海外新能源市场形成一定的品牌和影响力。

9.2
政府间
双边合作

截至 2019 年年底，中国政府已与亚洲、非洲、欧洲、美洲等 58 个国家（地区）签署了能源相关双边合作协议。 可再生能源继续成为中国与世界各国开展双边能源合作的重点，政府间高层引领，企业间务实推进，推动可再生能源国际合作走深走实。

中国—阿根廷将新能源作为合作重点之一

2019 年，双方举行了多次访问和会谈活动，推动双方在核电、油气和新能源领域合作，并签署了《中华人民共和国国家能源局与阿根廷共和国财政部关于和平利用核能领域投资合作的合作意向》。

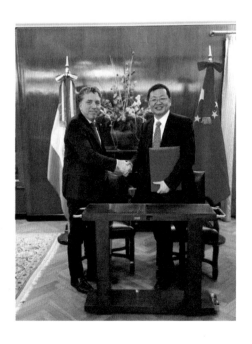

中国与阿根廷签署《中华人民共和国国家能源局与阿根廷共和国财政部关于和平利用核能领域投资合作的合作意向》

中国—阿联酋签署《能效服务领域合作谅解备忘录》

2019 年，中国与阿联酋就两国能源合作达成多项重要共识，取得新突破。双方共同签署了《能效服务领域合作谅解备忘录》，将在能源领域信息交流、能力建设、人员培训等方面开展合作，联合开展项目研究。

中国—阿联酋签署《能效服务领域合作谅解备忘录》

中国—印度尼西亚举办第六届能源论坛

2019 年 7 月 8 日，双方共同举办第六届中—印尼能源论坛，深入交流和探讨了两国在电力、可再生能源、煤炭、石油天然气等领域的先进技术、合作现状及未来合作潜力等内容，着力推动双方在油气、新能源、生物质、煤炭和核电等领域合作。

第六届中—印尼能源论坛

中国—芬兰启动清洁供暖和电力系统灵活性首批示范项目

2019 年，中芬双方在清洁供暖和电力系统灵活性领域首批示范项目方面取得积极进展。 在第二次中芬能源工作组会议期间，中芬双方致力在清洁取暖、电力系统灵活性、生物质能源、政策指引、创新实践等领域加强交流合作。

第二次中芬能源工作组会议

中国—巴基斯坦拓展提升高质量发展

2019 年，中巴双方秉承互信原则，继续加强对接和互动，走廊能源合作取得一系列务实成果，致力提升高质量能源领域合作。双方按计划召开了中巴经济走廊能源规划专家组第五次及第六次会议、中巴经济走廊能源工作组第七次会议、中巴经济走廊联合合作委员会第九次会议等活动，深入研讨巴基斯坦电力市场联合研究等工作成果，共同起草《中巴经济走廊能源合作项目实施指引》，致力提升双方电力和油气领域合作高质量发展。

截至 2019 年年底，中巴经济走廊能源合作框架下已有 12 个电源项目商业运行或开工建设，总装机容量 724 万 kW，总投资约 124 亿美元。截至 2018—2019 财年，已商业运行的走廊项目建设期纳税约 2.5 亿美元，并提供了超过 1 万个就业岗位，投运后提供了超过 800 个就业岗位。 中巴经济走廊能源合作持续走深走实，为当地社会经济发展做出贡献。

中巴经济走廊能源工作组第七次会议

中国—英国继续保持良好合作伙伴关系

2015 年在第四届"中英能源部长级对话"期间，国家能源局与英国气候能源部推动成立了"中英海上风电产业合作指导委员会"，从"创新、产业化、信息共享"三个方面推动两国海上风电产业合作。自该委员会成立以来，双方定期召开产业交流活动，共同推进中英海上风电发展。

2019 年，围绕已有的合作基础，中国与英国在能源领域互动频繁，成果丰硕。 在"中英清洁能源合作伙伴关系会"期间，中英双方围绕煤炭转型、电力市场改革、清洁能源技术、燃气市场改革、国际合作等议题，开展了富有成效的讨论，为下一步中英两国清洁能源合作指明了方向。 在第十次"中英经济财经对话"期间，双方签署了《中英清洁能源合作伙伴关系实施工作计划 2019—2020》，确认在清洁能源技术、清洁能源转型路径、系统改革及国际治理和合作等方面加强合作。 期间，双方还召开了繁荣基金中国能源项目启动仪式和中英海上风电产业指导委员会第五次会议，确定了将海上风电作为核心内容列入繁荣基金支持项目，进一步推动两国海上风电产业合作与发展。

中英海上风电产业指导委员会第五次会议

中国与瑞士、加拿大探讨交流流域大坝安全

2019年6月，在中加能源二轨对话——流域大坝安全管理技术研讨会期间，中加双方代表就两国水电建设发展现状、大坝安全管理计划、已建新建大坝安全与风险管理、工程规模确定方法与大坝安全标准、应急管理与公共安全，以及最佳实践案例进行了深入交流，取得了较好的效果。

2019年12月在中瑞能源工作组第三次会议期间，双方在已有抽水蓄能等合作领域的基础上，积极开拓流域大坝安全、战略规划与政策措施等领域的交流与合作，双方专家在大坝安全管理理念、体系和经验方面开展了深入交流。

中瑞能源工作组第三次会议大坝安全专家研讨会

中国—尼泊尔高层引领推动双方电力合作

2019 年 10 月，中尼（泊尔）双方共同发表了《中华人民共和国和尼泊尔联合声明》，双方将继续按照"企业主体、商业原则、市场导向、国际惯例"原则开展产能与投资合作，充分利用中尼（泊尔）能源联合工作组等平台，开展水电、风电、光伏、生物质等新能源以及电网等领域的交流与合作。 双方同意联合开展中尼（泊尔）电力合作规划，将中尼（泊尔）电力合作规划作为下一步两国电力合作的重要参考，推动中尼（泊尔）电力合作落地。

9.3 政府间多边合作

截至 2019 年年底，中国已参与了 33 个国际间多边能源合作机制。 2019 年，中国积极参与二十国集团（G20）、亚太经济合作组织（APEC）等区域能源治理平台相关活动，推动与东盟、欧盟、非盟、中东欧、阿盟等国际组织的能源合作，同时借助 "一带一路"国际合作高峰论坛等活动，有效提升中国在区域能源治理中的影响力与话语权。

第二届"一带一路"国际合作高峰论坛成功举办

2019 年 4 月，第二届"一带一路"国际合作高峰论坛在北京举行，能源可持续和清洁发展是本届论坛的关注重点。 峰会发布的联合公报强调，让所有人都能享有可负担、可再生、清洁和可持续的能源，建设更具气候韧性的未来，加强在清洁能源等领域合作，加强基础设施互联互通和推动可持续发展。

中国—欧盟签署《关于落实中欧能源合作的联合声明》

2019 年 4 月，双方在比利时布鲁塞尔召开了第八次中欧能源对话，并签署了《关于落实中欧能源合作的联合声明》。 双方就能源发展政策与市场改革、清洁能源转型、多边框架卜能源合作及中欧能源合作平台建设等议题深入交换了意见，取得了广泛共识。 双方将在《中欧领导人气候和清洁能源联合声明》《中欧能源安全联合声明》《中欧能源合作路线图》等重要合作文件的指引下，进一步深化合作，推动新时期中欧能源合作取得新的更大的成绩。

中国—欧盟签署《关于落实中欧能源合作的联合声明》

中国—中东欧国家能源合作论坛推动双方务实合作

2019 年 10 月，中国—中东欧国家能源合作论坛在克罗地亚首都萨格勒布召开，来自中国及中东欧 17 个国家的政府能源主管部门、能源企业、金融机构、智库等 160 余名代表出席此次论坛。论坛以清洁能源投资与产能合作为主题，共商中国—中东欧国家清洁能源投资与产能合作新机遇，进一步扩大了中国与中东欧国家能源合作共识，深入推动了各方能源合作，有效助力中东欧区域能源绿色低碳发展。

中国—国际组织能源合作持续推进

2019 年，中国与国际能源署（IEA）、国际可再生能源署（IRENA）、世界银行集团等国际组织开展合作，交流能源政策，探讨能源清洁可持续的发展未来。

2019 年 1 月，中国作为主席国主持召开了 IRENA 第九次全体大会，期间举办了能源可及性和能源创新部长级圆桌论坛，与会代表们阐述了国家和地区的可再生能源发展规划及政策，对可再生能源发展的方向和目标进行了研讨判断。在 12 月召开的 IEA 能源部长级会议期间，中方与 IEA 共同签署了《中国国家能源局—国际能源署三年合作计划》。

中国代表团参加国际可再生能源署（IRENA）第九次全体大会

中国—非盟共同推进中非能源合作

2019 年中国与非盟经过多轮磋商，双方就中非能源合作中心建设达成重要共识，筹备工作取得重要进展。在全球能源互联网暨中非能源电力大会上，30 多个非洲国家的 200 多位嘉宾与中方一道就"全球能源互联网——绿色低碳可持续发展之路"和"非洲能源互联网——非洲发展新动能"两大主题展开讨论，为世界能源转型与可持续发展绘制新蓝图。

2019 全球能源互联网暨中非能源电力大会

中国—东盟清洁能源合作成果丰硕

2019年，在例行东盟＋3暨东亚峰会能源高官会和部长会上，中国与东盟各国及日韩国家共同探讨东盟实现能源清洁可持续发展的路径，与各方分享中国在推动能源转型、发展可再生能源方面的经验和启示。

2019年东盟＋3暨东亚峰会能源部长会

另外，中国成功举办第四届东亚峰会清洁能源论坛、澜沧江—湄公河区域（简称"澜湄区域"）能源可及能力建设培训等一系列品牌合作活动。 在东亚峰会期间，中国与东盟各国从智慧城市、绿色金融、能源普惠、区域治理、新技术等方面深度讨论了区域能源发展合作的未来方向。 能力建设培训期间，中国与澜湄区域其他国家以"智能微电网及清洁炉灶"为主题，深入探讨了澜湄区域能源可及的政策需求和问题挑战，并详细分享了中国在该领域的成功案例，为澜湄区域能源可及领域的进一步合作打下良好基础。

澜湄区域能源可及能力建设培训

中国—阿盟成功举办光伏能力建设培训活动

2019 年 10 月，中国—阿盟清洁能源培训中心成功举办"大型地面光伏电站建设"培训活动。 培训为期 5 天，通过专家集中授课、交流研讨和实地考察等方式，向阿盟代表分享中国光伏发电发展的政策和技术经验，包括大型地面电站、"光伏＋"综合开发、光伏电站与多能互补、水光互补案例等多个主题。 阿盟代表介绍了本国光伏政策和市场环境、未来规划、潜在投资机会、光伏规模化开发面临的主要瓶颈，与中方交流了光伏项目经验及未来合作意向。

9.4
国际合作项目概况

随着国际市场开拓的深入推进，中国可再生能源产业"走出去"由点到面，呈现出覆盖范围广、合作模式丰富、合作内涵提升等鲜明特点。 2019 年中国可再生能源企业不断加快"走出去"步伐。 除参与国际可再生能源项目建设外，中国企业积极开拓境外建厂、境外并购、境外研发等多种合作模式，在投融资模式上积极创新，投资主体更加多元化。 截至 2019 年年底已初步形成了以水电、光伏和风电项目合作为先导，光热等领域项目合作齐头并进的全方位多层次可再生能源国际合作格局及示范。 据统计，2019 年中资企业实现境外签约新能源发电项目109 个，项目合同总额 92.4 亿美元。

全球水电开发增速放缓

截至 2019 年年底，全球水电总装机容量为 130793.5 万 kW，较 2018

年增加 1563.9 万 kW。 从增速来看，近年来全球水电总装机容量持续增加，但增幅逐年放缓。 从分布区域来看，2019 年新增装机主要分布在亚太地区（646.3 万 kW）和南美地区（517.2 万 kW）。 2019 年非洲水电总装机容量达到 37GW，906MW 水电新装机投入运行，过去 10 年保持了 4.4% 年均增速。

虽然全球水电开发增速放缓，但中国仍然保持国际水电建设主力军的地位。 截至目前，中国水电企业业务已经遍及全球 140 多个国家和地区。 2019 年，中国企业参与投资或建设的水电项目取得诸多进展。 中国企业首个海外全流域水电开发项目——老挝南欧江流域梯级水电站二期实现首机发电。 喀麦隆曼维莱水电站、乌干达伊辛巴水电站并网发电，正式进入商业运行阶段。 巴基斯坦苏基·克纳里水电站、阿根廷孔多克里夫水电站等工程完成大坝截流等重要工程节点，开始进入施工高峰期。

中国企业首个海外全流域水电开发项目——老挝南欧江流域梯级水电站

风电国际合作继续保持大幅增长

截至 2019 年年底，全球风电总装机容量为 62270.4 万 kW，较 2018 年增长 5888.4 万 kW，继续保持较快增长速度。 亚太地区风电发展速度继续领跑全球，2019 年新增装机容量占全球新增总量超过 50%。 欧洲、北美位列二、三位。

2019 年，中国风电产业"走出去"整体表现突出。 项目签约方面，中资企业实现境外签约风电项目约 40 个，项目合同额 41.5 亿美元，较去年同期增长 23.6%。 根据彭博新能源财经（BNEF）统计，2019 年中国风机企业在海外的累计新增吊装容量 0.6GW，远景能源和金风科技以 0.36GW 和 0.24GW 的海外风机吊装容量，位居中国风电整机商海外新增吊装容量前两位。

澳大利亚牧牛山风电项目首台机组并网发电

三峡国际在巴基斯坦首个绿地投资项目——三峡巴基斯坦风电项目

光伏国际合作呈多元化快速增长

截至 2019 年年底，全球光伏装机总容量合计 58015.9 万 kW，2019 年新增光伏装机容量 9708.1 万 kW，继续保持快速增长态势。 从区域分布来看，亚洲新增装机容量达 5585.7 万 kW，占全球总新增装机容量的 57.5%。 欧洲和北美分别以 1906.1 万 kW 和 1120.9 万 kW 的新增装机容量位居二、三位。

在国内光伏政策收紧与海外需求爆发的双重背景下，中国光伏企业加快了国际市场开拓的步伐。 2019 年，中国光伏产品（硅片、电池片、组件）出口总额 207.8 亿美元，同比增长 31.3%；组件产能 177.87GW，占全球组件总产能的 75.87%，其中超过 65GW 的光伏组件出口到国际市场。 相较于 2018 年，2019 年光伏组件出口国家更加多元化，市场区域分散，主要的出口国家为荷兰、日本、越南、印度、澳大利亚、巴西、墨西哥、乌克兰、西班牙、德国等。

越南首个漂浮式光伏项目——越南大密（DAMI）漂浮式光伏项目

肯尼亚加里萨 50MW 光伏发电站

9.5
可再生能源
国际合作
展望

推动能源多双边合作是可再生能源国际合作重点

中国—东盟能源合作重点包括：一是持续推进合作品牌成果，在"东盟＋1（中国）、东盟＋3（中日韩）"机制下，继续实施"东盟＋3清洁能源圆桌对话"及"中国—东盟清洁能源能力建设培训计划"两大品牌活动，同时开展《东盟能源可及实践经验及展望》《高比例光伏应用行动计划》等系列研究报告编制；二是培育风电市场，通过《东盟低风速风电开发导则》研究编制等工作，协助企业开拓东盟风电市场。 通过与品牌活动推进相结合，巩固深化区域合作成果，在把脉区域政策方向的同时，将合作向务实的项目层面推进。

中国—巴基斯坦合作的重点是继续完善《巴基斯坦电力市场联合研究》，为中巴经济走廊下一阶段高质量发展提供技术支撑；统筹和协调国内企业走廊项目清单，推动中巴合作走深走实，确保走廊项目平稳顺利推进。

中国—尼泊尔合作将在《关于能源合作的谅解备忘录》基础上，以中尼（泊尔）联合声明为指导，完成《中尼电力合作规划》，为后续中国企业参与尼泊尔电力项目开发指引方向。

中国—缅甸合作重点是继续完善《缅甸全国可持续水电开发的水资源总体规划》，根据中缅双方有关协议，将于 2020 年 6 月完成该规划的最终报告。

短期可再生能源国际合作面临新挑战

目前新冠肺炎疫情已扩散到全球 200 多个国家和地区，为减缓病毒传播速度，各国普遍实施边境封锁，要求居民居家隔离，禁止大型聚集活动。 受疫情影响，全球能源消费出现负增长，能源价格波动较大，2020 年可再生能源国际合作受到较大冲击，主要表现在以下方面：一是政府间多双边合作受阻，高频互访暂缓，会议等活动推迟或者取消；二是可再生能源产业链供应受阻，并由国内上游制造端转移到海外进出口贸易及下游应用端；三是由于各国疫情防控措施，经济活动出现了一定程度的减缓或暂停，可能导致可再生能源项目开发放缓。

未来可再生能源国际合作仍然潜力巨大

长远来看，可再生能源国际合作仍具有较大发展潜力。 一是全球能源转型的大趋势不会改变。 为了减少对化石能源的依赖，应对气候变化和温室气体排放带来的挑战，各国将继续推动能源转型进程，全球能源转型的大趋势不会因为疫情而逆转。 二是可再生能源将继续在能源转型中发挥主导作用。 截至 2019 年年底，全球已有 172 个国家在国家或省/州级层面制定了中长期可再生能源发展目标，通过目标引导推动可再生能源发展，进而加快能源转型进程。 三是国际合作可再生能源国际合作符合各国发展需求。 不同国家和地区在可再生能源市场、技术、资源等方面具有不同的优势与短板，通过国际合作进行优势互补，共同实现可再生能源优化发展，对于加快全球能源转型进程、构建人类命运共同体具有重要意义，可再生能源将继续成为国际能源合作中最具活力和发展潜力的部分。

10

政策要点

10.1
综合类政策

（1）为认真落实中央经济工作会议要求和政府工作报告部署，深化供给侧结构性改革，推进电力体制改革，2019年1月，国家发展改革委、国家能源局印发了《国家发展改革委 国家能源局关于规范优先发电优先购电计划管理的通知》（发改运行〔2019〕144号），通知界定了优先发电、优先购电计划的编制原则，完善政策体系，规范管理，切实执行与保障优先发电、优先购电计划，并明确保障措施，加强事中事后监管。

（2）2019年4月，《生产安全事故应急条例》（中华人民共和国国务院令第708号）正式施行。该条例强化了生产经营单位应急管理责任，从细化应急处置措施、优化应急救援预案编制和演练、加强应急救援制度建设等方面提出了明确要求，规范了生产安全事故应急工作。

（3）2019年5月，国家发展改革委、国家能源局印发了《关于建立健全可再生能源电力消纳保障机制的通知》（发改办能源〔2019〕807号），对各省（自治区、直辖市）设定了可再生能源电力总量和非水可再生能源电力的消纳责任权重，要求各省级能源主管部门牵头承担消纳责任权重落实责任，受电企业和电力用户协同承担消纳责任，电网企业承担经营区消纳责任权重实施的组织责任，规定了权重测定和消纳量核算方法，明确了监测核算和交易模式，对信息报送、考核体制、监测评价、实施监管责任也做了规定。

（4）2019年5月，中共中央、国务院印发了《关于建立国土空间规划体系并监督实施的若干意见》，标志着国土空间规划体系构建工作正式全面展开。国土空间规划是国家空间发展的指南、可持续发展的空间蓝图，是各类开发保护建设活动的基本依据。建立国土空间规划体系并监督实施，将主体功能区规划、土地利用规划、城乡规划等空间规划融合为统一的国土空间规划，实现"多规合一"，强化国土空间规划对各专项规划的指导约束作用，是党中央、国务院作出的重大部署。

（5）2019年6月，中共中央办公厅、国务院办公厅印发了《关于建立以国家公园为主体的自然保护地体系的指导意见》的通知，正式提出以国家公园为主体，自然保护区为基础，各类自然公园为补充的中国自然保护地体系。把所有自然保护地归为国家公园、自然保护区、自然公园三类，更加简洁明了。其中国家公园处于第一类，保留自然保护区作为第二类，现有的风景名胜区、森林公园、湿地公园、地质公园等归入自然公园作为第三类。新的分区模式变化体现在"三区并两区"的管控分区上。国家公园和自然保护区分为核心保护区、一般控制区。核心保护区实行严格保护，禁止人为活动；一般控制区在保护的前提下排除负面影响后，允许开展合理利用活动。自然公园按一般控制区来管理。

（6）2019年6月，国家发展改革委、国家能源局印发了《能源体制革命重点行动（2019—2020年）》（发改办能源〔2019〕693号），提出了重点行动目标和任务，提出加快推进电力体制改革、深化石油气改革、完善煤炭市场体系、健全可再生能源发展机制、推进核电体制改革、加快"互联网＋"智慧能源体制创新试点示范、构建新时期能源技术装备创新发展机制、加快电能替代体制机制创新、深化"放管服"改革、完善能源法律体系等重点方向。

（7）2019年6月，国家发展改革委、科技部、工业和信息化部、国家能源局印发了《贯彻落实〈关于促进储能技术与产业发展的指导意见〉2019—2020年行动计划》（发改办能源〔2019〕725号），提出了加强先进储能技术研发和智能制造升级、完善落实促进储能技术与产业发展的政策、促进抽水蓄能发展、推进储能项目示范和应用、推进新能源汽车动力电池储能化应用、加快推进储能标准化等内容。其中抽水蓄能行业发展方面，重点要调整抽水蓄能电站选点规划并探索研究海水抽水蓄能电站建设。

（8）2019年7月，应急管理部发布了《应急管理部关于修改〈生产安全事故应急预案管理办法〉的决定》（中华人民共和国应急管理部令第2号）。该办法修订涉及19项内容，涵盖生产安全事故应急预案的编制、评审、公布、备案、实施及监督管理工作，有效发挥预案在风险管控、隐患治理、应急演练、应急救援等方面的基础保障作用。

（9）2019年7月，国家能源局印发了《关于电力系统防范应对台风灾害的指导意见》（国能发安全〔2019〕62号），要求电力管理部门、国家能源局派出机构、电力企业和重要用户不断加强应急队伍、基地、物资装备、指挥平台等方面建设，开展应急预案培训和演练，研究制定救灾相关定额标准，保障应急准备和处置资金投入，全面提升电力系统防范应对台风灾害能力。

（10）2019年8月，国家发展改革委、国家能源局发布了《关于深化电力现货市场建设试点工作的意见》（发改办能源规〔2019〕828号），要求进一步发挥市场决定价格的作用，建立完善现货交易机制，以灵活的市场价格信号，引导电力生产和消费，加快放开发用电计划，激发市场主体活力，提升电力系统调节能力，促进能源清洁低碳发展。鼓励合理选择现货市场价格形成机制，统筹协调电力中长期交易与现货市场、电力辅助服务市场与现货市场。 其中，在清洁能源消纳的现货交易机制方面，非水可再生能源相应优先发电量应覆盖保障利用小时数。 各电力现货试点地区应设立明确时间表，选择清洁能源以报量报价方式，或报量不报价方式参与电力现货市场，实现清洁能源优先消纳。 市场建设初期，保障利用小时数以内的非水可再生能源可采用报量不报价方式参与电力现货市场。 辅助服务方面，配合电力现货试点，积极推进电力辅助服务市场建设，实现调频、备用等辅助服务补偿机制市场化。 建立电力用户参与承担辅助服务费用的机制，鼓励储能设施等第三方参与辅助服务市场。

（11）2019 年 8 月 26 日，十三届全国人大常委会第十二次会议表决通过关于修改《中华人民共和国土地管理法》的决定，本决定自 2020 年 1 月 1 日起施行。 新修订的《中华人民共和国土地管理法》强调土地的节约集约利用、加强土地管理，在征地方面规范土地征收程序，完善了对被征地农民的保障机制，明确了集体用地入市条件。

（12）2019 年 11 月，国家能源局印发了《关于电力系统防范应对低温雨雪冰冻灾害的指导意见》（国能发安全〔2019〕80 号），对电力行业各相关单位提出强化预案管理、加强队伍建设和物资装备保障、加强科技支撑等要求，进一步加强电力系统防范应对低温雨雪冰冻灾害工作。

（13）2019 年 12 月，国家发展改革委发布了《关于做好 2020 年电力中长期合同签订工作的通知》（发改运行〔2019〕1982 号）。 从中长期合同签订、完善中长期市场电力负荷曲线交易机制以及负荷曲线调整机制、价格机制、合同管理、市场交易主体等 12 个方面推动实施。 其中，提出鼓励开展清洁替代交易，落实国家清洁化发展战略和节能减排政策，鼓励水电、风电、太阳能发电、核电等清洁能源发电机组替代常规火电机组发电。

10.2 水电类政策

2019 年 3 月，国家发展改革委、国家能源局、财政部、人力资源社会保障部、自然资源部、宗教局联合发布了《关于做好水电开发利益共享工作的指导意见》（发改能源规〔2019〕439 号），提出坚持水电开发促进地方经济社会发展和移民脱贫致富方针，充分发挥水电资源优势，进一步强化生态环境保护，加强体制机制创新，完善水电开发征地补偿安置政策、推进库区经济社会发展、健全收益分配制度、发挥流域水电综合效益，建立健全移民、地方、企业共享水电开发利益的长效机制，构筑水电开发共建、共享、共赢的新局面。 主要从完善移民补偿补助、尊重当地民风民俗和宗教文化、提升移民村镇宜居品质、创新库区工程建设体制机制、拓宽移民资产收益渠道、推进库区产业发展升级、强化能力建设和就业促进工作、加快库区能源产业扶持政策落地8个方面进行了规定。

10.3 新能源类政策

（1）为促进风电产业高质量发展，统筹协调推进平价上网和低价上网有关工作，提高市场竞争力，2019年1月，国家发展改革委、国家能源局印发了《国家发展改革委 国家能源局关于积极推进风电、光伏发电无补贴平价上网有关工作的通知》（发改能源〔2019〕19号），从优化投资环境、保障优先发电与收购、鼓励绿证交易、落实接网、促进市场化交易等方面完善了无补贴平价上网项目开发的相关政策，为无补贴风电项目发展提供了有利的条件。

（2）为规范风电场项目建设使用林地，减少对森林植被和生态环境的损害与影响，2019年2月，国家林业与草原局印发了《国家林业和草原局关于规范风电场项目建设使用林地的通知》（林资发〔2019〕17号），划定了风电场使用林地禁建区域与限制范围，提出强化风电场道路建设和临时用地管理，加强风电场建设使用林地的指导和监管。

（3）为组织好风电、光伏发电无补贴平价上网项目建设，确保有关支持政策落实到位，2019年4月，国家能源局发布了《关于推进风电、光伏发电无补贴平价上网项目建设的工作方案》（征求意见稿），方案明确了优先建设平价上网项目，严格落实平价上网项目的电力送出和消纳条件，在开展平价上网项目论证和确定2019年度第一批平价上网项目名单之前，各地区暂不组织需国家补贴的风电、光伏发电项目的竞争配置工作；并要求具备建设风电、光伏发电平价上网项目条件的地区，有关省（自治区、直辖市）发展改革委应于4月25日前报送2019年度第一批风电、光伏发电平价上网项目名单（2018年度有关地区报送的分布式市场化交易中的项目经复核后将列入第一批）。

（4）2019年4月，国家能源局印发了《国家能源局关于完善风电供暖相关电力交易机制扩大风电供暖应用的通知》（国能发新能〔2019〕35号），通知要求做好风电清洁供暖试点工作总结和发展规划工作，做好风电清洁供暖技术论证工作，研究完善风电供暖项目投资运营机制，完善电力市场化交易机制。

（5）2019年5月，国家发展改革委办公厅、国家能源局综合司印发了《国家发展改革委办公厅 国家能源局综合司关于公布2019年第一批风电、光伏发电平价上网项目的通知》（发改办能源〔2019〕594号），通知公布了2019年第一批风电、光伏发电平价上网项目清单，总装机容量2076万kW。

（6）2019年5月，国家发展改革委印发了《国家发展改革委关于完善风电上网电价政策的通知》（发改价格〔2019〕882号），将风电上网标杆电价改为指导电价，规定了2019年、2020年的风电指导电价，并明确了各类风电、光伏项目获得国家补贴的并网时间节点要求。

（7）为促进风电、光伏发电技术进步和成本降低，实现高质量发展，2019年5月，国家能源局印发了《关于2019年风电、光伏发电项目建设有关事项的通知》（国能发新能〔2019〕49号），就做好2019年风电、光伏发电项目建设有关要求进行了通知，包括积极推进平价上网项目建设、严格规范补贴项目竞争配置、全面落实电力送出消纳条件、优化建设投资营商环境，同时发布了2019年风电、光伏项目建设工作方案。

（8）2019年4月，国家发展改革委发布了《关于完善光伏发电上网电价机制有关问题的通知》（发改价格〔2019〕761号），提出完善集中式光伏发电上网电价形成机制、适当降低新增分布式光伏发电补贴标准。

（9）2019年7月，国家能源局发布了《关于公布2019年光伏发电项目国家补贴竞价结果的通知》（国能综通新能〔2019〕59号），纳入2019年竞价补贴范围的共有22个省（自治区）的22.8GW项目，其中普通光伏电站项目18.1GW，工商业分布式项目4.7GW。

（10）2019年9月，工业和信息化部等六部门发布了《工业和信息化部办公厅　住房和城乡建设部办公厅　交通运输部办公厅　农业农村部办公厅　国家能源局综合司　国务院扶贫办综合司关于开展智能光伏试点示范的通知》（工信厅联电子〔2019〕200号），支持培育一批智能光伏示范企业，包括能够提供先进、成熟的智能光伏产品、服务、系统平台或整体解决方案的企业。

（11）2019年11月，国家发展改革委《产业结构调整指导目录（2019年本）》发布，22.5%和21.5%单多晶电池、BIPV、光伏电池设备等被列入国家发展改革委2019年鼓励文件中。在建材大类中，太阳能装备用铝硅酸盐玻璃、大尺寸铜铟镓硒和碲化镉等薄膜光伏电池背电极玻璃被列入第一类鼓励类中。

（12）为进一步引导光伏发电企业理性投资，推动建设运营环境不断优化，促进产业持续健康发展，2020年3月，国家能源局发布了

《2019 年度光伏发电市场环境监测评价结果》（国能发新能〔2020〕24号）。 2019 年光伏发电市场环境监测评价结果为：西藏为红色区域；天津、河北、四川、云南、陕西为 Ⅱ 类资源区；甘肃为 Ⅰ 类资源区；青海、宁夏、新疆为橙色区域；其他地区为绿色区域。 监测评价结果为 2020 年的光伏开发布局提供了指导方向。

（13）2019 年 12 月 4 日，国家发展改革委、国家能源局、农业农村部、财政部、生态环境部、自然资源部、住房和城乡建设部、应急管理部、人民银行、国家税务总局十部委联合印发《关于促进生物天然气产业化发展的指导意见》（发改能源规〔2019〕1895 号），首次将生物天然气纳入国家能源体系，统筹协调发展。 提出了生物天然气在新的历史时期的发展方向、目标、任务和政策框架等。

（14）2019 年 4 月，地热能入选《2019 产业结构调整指导目录（2019 年本，征求意见稿）》。 该目录由鼓励类、限制类以及淘汰类三个类别组成，其中涉及地热能的鼓励类有新能源、机械、建筑、环境保护与资源解决综合利用等领域。

（15）2019 年 8 月，十三届全国人大常委会第十二次会议表决通过了《中华人民共和国资源税法》。 资源税法明确将试点征收水资源税。其中规定：国务院根据国民经济和社会发展需要，依照本法的原则，对地热开发利用取用地表水或者地下水的单位和个人试点征收水资源税。征收水资源税的，停止征收水资源费。

11

热点研究

11.1
行业热点
研究总览

水电中长期发展研究

根据中国水能资源区域分布特点和开发利用现状，统筹规划、合理布局全国中长期水电发展，提出未来 2030 水平年、2035 水平年、2050 水平年的水电开发规划、布局，水电消纳方案以及促进水电健康发展的相关政策建议。 以电力系统需求为导向，在抽水蓄能选点规划工作基础上，统筹优化全国中长期抽水蓄能电站发展。

全国能源区域平衡方案研究

基于 2025 年、2030 年、2035 年、2050 年全国能源供需格局变化趋势，分析各区域在全国能源格局中的定位，研究区域能源调运平衡、优化运行和协调供应保障方案，以及能源开发建设和重大项目布局。

长三角地区能源高质量发展路径研究

开展上海、江苏、浙江、安徽三省一市区域能源一体化发展研究，分析提出 2025 年和 2030 年区域能源一体化优化发展的思路目标和任务举措，以及现阶段推进一体化发展的重点行动计划。

长江流域能源协同发展研究

适应能源产业变革需要和推动长江经济带能源高质量发展，落实生态优先、绿色发展方针，围绕长江经济带能源生产、消费、供应、保障领域存在的突出问题，从区域协同和创新驱动的角度，系统研究分析提出推动长江经济带能源高质量发展的思路举措、政策建议，以及具体实施的时间表和路线图。

京津冀地区能源协同发展研究

开展京津冀地区能源协同发展规划评估，研究分析提出"十四五"期间京津冀地区能源协同发展的目标，以及推动三地协同发展的重大任务及举措。 着眼推进雄安能源高质量发展，统筹雄安本地能源资源条件和外来能源供应，完成雄安新区能源规划评估。

中长期电力供需平衡研究

紧密结合中长期全国宏观经济、社会发展、生态文明建设等发展形势，深入贯彻社会主义新时代对新能源、电力系统的新要求，以满足新时代人民群众用能、用电为根本目标，按照 2025 年、2030 年、2035 年、2050 年四个时间节点，测算全国电力需求总量及分行业、分省需求，进行电力电量平衡测算，明确电力平衡流向，提出相应的全国和分省电力装机方案及装机结构。

水电中长期发展移民和环保政策研究

根据中国水能资源特点和今后水电开发建设条件，研究创新水电移民安置和加强生态环境保护的政策建议。

中国水电移民实践经验研究

从国际化视野角度，按照践行"走出去"战略、提升国际影响力、宣传推广中国水电移民经验的要求，对中国水电移民实践经验进行总结。

抽水蓄能中长期发展运营机制政策研究

针对抽水蓄能电站特点，分析当前抽水蓄能电站发展趋势，开展抽水蓄能电站调度运行、运营管理和投资收益机制研究，提出有关政策建议。

水电中长期发展投资价格财税政策研究

根据水电行业特点，开展水电领域投资、价格、财税政策研究，提出有关政策建议。

"两湖一江"地区电力供需平衡研究

深入了解中国相关地区电源发展、电力流布局以及电力供需形势情况和存在问题，听取各方意见建议。测算分析"两湖一江"地区 2025 年及中长期电力需求，研究提出"两湖一江"地区电力供需平衡保障方案。

西南地区水电消纳研究

深入了解中国西南地区水电消纳面临的形势和存在的问题，听取各方意见建议。以电力发展"十三五"规划为基础，结合西南地区水电消纳已有研究成果，重点围绕金沙江上游、澜沧江上游等大型水电消纳问题，研究电力消纳方案，提出相关政策建议。

东北地区合理电力流向及规模研究

深入了解中国东北地区电源发展和消纳面临的形势和存在的问题，听取各方意见建议。总结东北地区电力系统发展现状及存在问题，在深入研究电源开发潜力、本地电力需求预测以及受端市场需求的基础上，分析提出中长期东北地区合理电力流向方案，优化现有电力流布局，提升电力输送效率。

新能源汽车充电基础设施中长期发展趋势研究

以中国新能源汽车相关规划战略为基础，结合国内外汽车市场发展历史情况，按照 2025 年、2030 年、2035 年、2050 年等时间节点，研判展望中国新能源汽车发展规模；结合车辆能量补给方式等因素，研究提出中国新能源汽车充电基础设施建设方案，测算对中国石油消费的替代规模，明确相关政策措施。

促进清洁能源消纳（调峰电源建设）问题研究

在 2025 年、2035 年电力平衡方案的基础上，统筹发挥电源侧、电网侧、负荷侧调节能力，研究提出中国电力系统调节能力提升的思路和措施；结合应急调峰储备电源实施情况，提出抽水蓄能、龙头水库、天然气调峰电站、火电灵活性改造等领域建设目标和重大工程。

2035（2050）年能源发展战略研究

按照新"两步走"战略部署和要求，研究 2025 年、2030 年、2035 年、2050 年中国能源发展的重要指标，针对影响能源战略选择的关键性、争议性问题开展专题研究，研究提出明确结论和阶段性任务、重大战略工程。

中长期能源供需平衡研究

按照 2025 年、2030 年、2035 年、2050 年四个时间节点，测算中国能源需求总量及分行业需求，提出全国能源供应总量规模，明确能源流向。

新形势下能源高质量发展的目标、评价标准及实施路径研究

贯彻落实中央精神，研究 2022 年前，中国能源行业落实"四个革

命、一个合作"能源安全新战略，实现质量变革、效率变革、动力变革的总体要求、主要目标、重点任务、评价标准和保障措施。

中国电力行业加快新旧动能转换，实现高质量发展的目标和战略举措

2022 年前，中国电力行业落实"四个革命、一个合作"能源安全新战略，实现质量变革、效率变革、动力变革的发展思路、主要目标、量化标准及重点举措等。

中国新能源行业高质量发展的方向、路径选择、评价标准和战略举措

2022 年前，新能源产业落实"四个革命、一个合作"能源安全新战略，摆脱发展路径依赖，实现质量变革、效率变革、动力变革，增强行业竞争力的发展目标、发展路径、评价标准和重点任务等。

储能关键技术及应用发展趋势研究

研判储能技术实现突破和产业应用的时间节点，分析大规模储能产业化应用对能源系统产生的影响。厘清主流储能技术发展应用路线图，梳理国内外前沿储能技术发展情况；结合中国能源结构转型需求，分析储能在主要应用领域的发展趋势，以及对中国能源系统未来发展产生的影响。

能源生态安全风险评估

全面分析煤炭、石油、天然气、非化石能源生产和开发利用对生态环境（土地、空气、水、污染物和碳排放）可能产生的重大影响；对 2019 年能源领域生态安全风险进行评估，对主要影响因素进行定量分析；对 2020 年能源领域的关键生态风险因素进行预测和评估；提出降低能源领域生态安全风险的建议和措施。

能源资源安全风险评估

全面分析能源资源安全重大风险因素；对 2019 年能源资源安全风险进行评估，对主要影响因素进行定量分析；对 2020 年能源资源关键风险因素进行预测和评估；提出近期降低能源资源安全风险的建议和措施。

能源经济安全风险评估

全面分析能源领域影响经济安全的重大风险因素。 对石油、天然气、煤炭、电力价格变动对中国经济安全可能产生的影响进行分析；对2019年能源领域经济安全风险进行评估，对主要影响因素进行定量分析；对2020年能源经济关键风险因素进行预测和评估；提出近期降低能源经济安全风险的建议和措施。

全国及31个省（自治区、直辖市）年度能源数据分析与比较研究

开展中国能源行业及区域能源发展比较研究，对中国区域间能源资源禀赋、能源供应和消费结构、消费模式、居民用能习惯、地区间能效利用水平等进行分析。 加强能源需求增长新旧动能转换跟踪研究，通过能源数据对产业结构调整、"三新"产业培育等进行分析解读。

各类能源生产成本及终端能源消费替代潜力分析对比分析

研究中国与欧美发达国家终端能源消费结构差异；研究煤、石油、天然气、电力成本构成；研究考虑各类能源成本和环境因素的终端能源消费中的替代潜力；提出优化中国能源消费结构政策建议。

中国电力行业转型发展趋势研究

跟踪收集世界主要能源生产国、消费国最新能源发展成果，开展能源发展成果比较，对标对表国际先进水平，研究中国电力转型发展趋势；结合能源安全新战略，研究电力行业实现质量变革、效率变革、动力变革的转型发展思路、主要目标、量化标准及重点举措等。

国内外能源经济形势月度发展变化及短期走势研究

密切跟踪国内外经济形势、能源形势、国际重大地缘政治事件，以及主要用能行业和新兴产业的发展特点等，统筹能源供需两侧，分析上拉、下拉能源消费的主要因素，预判能源走势，分析能源总体效率，研究当期能源经济运行应予关注的新情况、新问题，提出化解矛盾或问题的措施建议等。

能源扶贫政策成效分析

全面分析、总结能源扶贫政策对贫困地区的作用和效果：①系统梳

理能源领域扶贫政策；②分析能源基础设施建设对贫困地区生产、生活条件的改善情况；③分析能源资源开发对贫困地区经济发展的影响；④分析光伏扶贫实施效果；⑤提出下一步和乡村振兴战略衔接的政策建议、措施。

粤港澳大湾区能源创新发展研究

研究提出粤港澳大湾区能源结构调整和创新发展的目标、任务和实现路径，特别是在保障能源安全、促进能源清洁低碳发展、新产业新业态培育，以及市场体系建设方面的具体举措。

西南地区能源协同发展研究

分析西南地区能源需求和清洁能源开发潜力，明确该区域中长期能源供需平衡的基本思路，制定适应未来发展的能源供应保障方案和能源供应消纳途径。

深层地热干热岩能量获取与利用等关键科学问题研究

课题研究任务是：深层地热干热岩能量获取与利用所涉及的靶区优选、储层建造、裂隙表征、热能获取和发电与综合利用等。

研究并制定生物天然气补贴政策和机制

总结中国现有生物质天然气行业发展情况，分析发展过程中存在的问题与发展障碍，结合国内已投产生物天然气经验，研究提出中国生物天然气的补贴政策和机制。

中国海上风电产业评估与展望研究

全面深入地分析评估了中国海上风电政策与规划实施情况、开发建设及运行情况、成本构成、海上风电装备及工程风险情况以及主要开发技术，形成了中国未来海上风电产业展望和主要思路。

基于供应链的光伏行业企业群网络协同制造标准研究与试验验证课题

重点研究基于供应链的光伏行业企业群网络协同制造中的订单分解与物流配送、标识编码与追溯、制造过程在线检测及网络协同制造系统架构与集成等关键技术，建立行业应用规范。

典型气候条件下光伏系统实证测试技术及相关标准体系研究

在关键气候因素对光伏系统影响和建模技术、大型光伏系统高性能仿真和虚拟现实设计技术、典型气候条件下光伏系统实证平台设计集成和灵活重构技术、光伏核心部件及系统高精度能效测试技术等方面取得突破，建立实证技术规范和标准体系。

促进太阳能发电成本下降与竞争力提升研究

通过总结国际可再生能源招标定价政策的实施情况和经验，结合中国可再生能源，尤其是风电和光伏发电发展现状和电力体制改革要求，逐步实现可再生能源电力由市场定价。

光热发电先进技术研究

以提高光热发电效率、降低光热发电成本为目标，在太阳能资源评估、太阳岛系统设计、储换热系统、数字化智能型太阳能热发电站，新型太阳能光热发电系统等方向开展一系列研究工作，不断提升技术水平、降低投资成本，使太阳能热发电技术在可再生能源领域更具竞争力。

11.2
研究概览

水电中长期发展

"水电中长期发展研究"是 2019 年度国家能源局委托开展的重要行业战略规划课题。 该研究以中国水电行业发展潜力和发展政策分析为基本出发点，针对宏观形势和水电开发建设面临的挑战，综合考虑不同边界条件和控制因素，统筹规划，合理布局，进行具有整体性和前瞻性的中长期发展战略规划。 通过分析待开发水能资源和抽水蓄能电站站点资源条件，综合考虑市场需求、技术进步、区域均衡和高质量发展要求，提出中长期水电站和抽水蓄能电站开发规模和布局，并对水电市场消纳和通道建设进行分析。

研究立足水电的特点和现有的发展问题，重点对怒江水电开发、龙盘等龙头水库的战略作用以及中长期西电东送基地如何接续发展等社会重点关注问题进行分析说明。 同时，研究提出正确认识水电在国家能源发展中的战略定位，合理分析水电发展与生态环境保护的关系，建设流域多能互补综合绿色能源基地的战略支撑，同时对水电电价、金融财税、移民和促进地方经济发展以及抽水蓄能电站运行管理等保证行业可持续发展的体制机制建议进行分析，提出合理的水电开发节奏的政策建议和保障支持措施，促进水电全生命周期高质量发展，更好地服务中国中长期能源平衡健康发展。

抽水蓄能中长期发展运营机制政策研究

抽水蓄能电站是电力系统中具有调峰、填谷、调频、调相、备用和黑启动等多种功能的特殊电源，截至目前，中国已建抽水蓄能电站总装机规模位居世界第一。随着建成运行的抽水蓄能电站数量和规模的不断增加，运行管理体系不完善、电站效益发挥不充分、电价机制政策不落实等问题日益凸显。该研究旨在以调查分析中国抽水蓄能电站发展和运营管理现状为基础，探寻剖析电站投资运营管理方面存在的问题以及内在原因，充分借鉴国外先进国家抽水蓄能运营管理经验，并有效结合中国抽水蓄能电站发展和运营管理特点，研究提出适应于中国实际的调度运行机制、投资收益机制、运行监管机制等方面的政策建议。主要研究成果和内容具体体现在以下方面：

（1）中国抽水蓄能电站经历了建设起步、探索发展、快速发展阶段，未来随着核电、新能源的大规模发展、流域能源综合基地建设、电网安全稳定运行要求等，以及能源高质量发展的新形势和新要求，中国抽水蓄能电站今后还需加快发展。

（2）根据抽水蓄能电站的定位，以及主要服务对象的不同，研究提出抽水蓄能电站可分为电网侧配置抽水蓄能电站和电源侧配置抽水蓄能电站；并以此为基础，分别研究了电网侧和电源侧抽水蓄能电站的调度运行机制，具体涵盖了电站服务范围、电站功能定位、水库和电站运行方式、电站运行评价指标以及电站调度运行规程等方面。

（3）研究了现行电力体制、准市场化、完全市场化不同环境下中国抽水蓄能电站的投资收益机制。在总结现行电价机制、抽水蓄能电站作用效益和受益主体的基础上，综合考虑中国现行电力体制，研究提出现阶段采用两部制电价模式是适宜的，但需进一步制定容量电价和电量电价实施细则。

（4）研究提出了完善电站运行管理制度体系、抽水蓄能电站电价机制、辅助服务补偿机制，促进抽水蓄能电站投资主体多元化，更好地发挥抽水蓄能电站促进新能源消纳作用；探索电源侧配置抽水蓄能电站开发及运营模式，以及加强抽水蓄能电站运行监管等方面的政策建议。

水电中长期发展投资价格财税政策研究

"水电中长期发展投资价格财税政策研究"是 2019 年国家能源局年度能源规划研究课题，旨在全面系统地掌握目前水电开发投资、价格和财税现状，认真系统梳理电力市场情况，深入了解水电建设投资和运行管理体制，水电电价形成机制、财税体系；整理主要相关的政策情况。根据中国水电开发现状以及中长期发展的方向和目标，以问题为导向，理清中国水电中长期发展投资、价格和财税改革和发展的基本原则和思路，针对制约可持续发展的薄弱环节，结合国外水电和可再生能源发展的案例，研究提高水电发展经济性的支持政策，提出推进水电投资价格财税等相关领域体制机制改革建议。

该研究紧密围绕中国水电行业在国家中长期发展战略中的功能定位，以实现水电中长期发展目标为基本出发点，从投资、价格、财税三个维度对影响水电发展的问题进行了梳理和分析。通过与水利项目、风电光电等可再生能源项目对比，提出建立水电项目全生命周期综合评价体系的建议。提出了水电项目经营期之后电价和收益分配机制建议。该研究针对目前存在的影响水电经济性的主要问题，提出了合理可行的水电投资、电价、财税等改善开发经济性的支持措施和政策建议。

水电中长期发展移民政策研究

该研究主要面对未来水电向高原峡谷、藏区深部迈进的新形势、新特点和新情况，总结当前移民工作亟待解决的问题。研究认为，在利益共享机制的推动下，移民将更多地从水电开发中获益；在减税降费的大环境下，中国水电开发的建设征地税费也应调整，以期推动水电开发动力和活力；此外伴随着简政放权、简化手续等众多行政管理的优化，企业用地将面临新的形势；社会的不断发展，移民人口素质的增强，少数民族地区的鲜明特色，未来移民的安置方式必将多元化，以适应新形势的发展；同时，水库移民工作也应适应变化、积极调整，不断探索、创新与提升。

（1）面临的新形势新特点：①水电开发向高原地区集中；②水电开发向少数民族地区和经济欠发达地区集中；③有土安置难度加大，亟须安置方式创新；④建设征地补偿市场化趋势将逐渐加强；⑤移民安置收益预期将逐步提高，共享水电开发收益意愿更强烈。

（2）重点关注方面。 从分析来看，水电中长期发展移民工作需要重点关注"三原原则"与水电中长期发展的适应性、移民安置管理体制机制调整、建设征地有关税费问题、界河建设征地和移民安置政策衔接、水电工程使用国有土地补偿政策研究、移民后续发展、移民安置方式创新、水电开发利益共享机制的实践、移民安置竣工验收等问题。

（3）有关政策建议。 需要用绿色发展理念，开展规划设计实施移民安置，用构建水电命运共同体理念，落实移民安置目标，促进移民后续发展。 探索创新水电开发移民安置新模式，建立国家层面的重点开发区域水电移民协调机制，建立健全移民、地方、企业共享水电开发利益的长效机制。

水电中长期发展环境保护政策研究

随着中国水电开发向西部和上游地区转移，生态环境更加脆弱，生态保护措施更加严格，环评难度加大，水电的社会关注程度更高。 为了能在保护好生态环境的前提下做好水电开发，维护国家能源安全，受国家能源局委托，2019 年开展了"水电中长期发展环境保护政策研究"，力求根据中国水能资源特点和今后水电开发建设条件，研究加强生态环境保护的政策建议。 主要研究内容是根据水电中长期发展目标及布局，梳理水电发展的生态环境约束因素，分析水电发展与现行生态保护政策法规的关系，提出水电中长期发展的生态环境保护政策建议。 主要研究结论如下：

（1）水电中长期发展面临的生态环境约束因素主要有水电规划与生态保护红线、生态敏感区、以国家公园为主体的自然保护地体系、生态环境敏感对象的避让和保护，水电开发与资源利用上限（生态流量）的协调，以及生态影响对跨境河流水电开发的制约等。

（2）中国当前水电法规体系逐渐建成，相关配套的法律实施机制不断完善，但某些法规和标准规程仍然难以适应新形势下水电可持续发展的要求，体现在水电开发流域生态保护立法配套不足、水电开发生态保护的基础研究和能力薄弱、水电流域综合监测不足、水电建设管理体制机制亟待完善、水电开发生态保护的社会参与力度不足等方面。

（3）研究从水电规划及开发、水电站运行、跨境河流水电发展三个方面提出了水电中长期发展的生态环境保护政策建议。 ①水电规划及开发方面，建议加强水电开发与保护空间的统筹协调；制定对敏感保护对象实施生态补偿政策；研究制定水电开发流域生态保护立法配套政策。②水电站运行方面，建议优化流域水电梯级调度，提高水资源综合利用效益；落实措施，加强全过程管理，不断提升电站的环境保护水平；协调资源上线约束与水能资源利用；加强流域水电综合监测，提高水电开发的环境保护水平；开展水电可持续评价，推进水电可持续发展；加强水电可再生能源的形象宣传，树立水电绿色形象。③跨界河流水电发展方面，建议加强政府主导，建立应对机制；促进信息对等交流和国际合作、互利共赢；统一认识，加大跨境河流开发力度。

中国水电移民经验研究

中国的水电移民安置工作经历了政策法规从无到有、管理机构职能不断加强、配套政策不断完善、监管机制不断健全、移民安置不断规范、后期扶持不断深入的发展历程，目前已经基本建立和健全了水电移民法律法规体系，构建了已被证明行之有效的移民工作管理体制机制，确立了移民安置规划法律地位，移民安置工作规范有序，移民工作方法较为成熟，且经验丰富、成效显著。

为全面总结中国水电移民经验，将一些好的经验或做法进行归纳、提炼、升华，按照"走出去"的思路予以规范、推广。该研究全面回顾了中国水电移民工作历程，梳理了中国水电移民法规政策，分析了中国水电移民管理体制机制，提炼了中国水电移民安置技术控制方式方法；并以中国具有代表性的三峡、向家坝等 14 座水电工程，立足国际视野，对标国际移民政策框架和经验，通过国内广泛调研和多次国际交流，全面、真实、立体地展示了中国水电移民安置工作成效，多层次、多角度地凝练了中国水电移民成功经验。该研究课题填补了立足国际推广的中国水电移民经验总结的空白，推广应用前景广泛，社会效益显著。主要成果及创新点如下：

（1）研究全面总结中国水电移民 70 年工作实践，结合改革开放以来引进消化吸收世界银行等国际金融组织有关非自愿移民政策，总结提出目前"以人为本"的中国水电移民安置理念、完善的政策法规体系、成熟的技术管控措施、健全的管理体制机制等特点。

（2）研究全面总结提炼出中国水电移民成功经验，主要包括：科学界定处理范围，准确调查实物指标，依法合理补偿补助，精心筹划移民搬迁，因地制宜恢复生计，公众参与信息公开，尊重少数民族习俗，重视文化保护，着力扶贫助弱，共建共赢协调发展，建立健全体制机制、逐步完善技术标准，加强规划引领、技术控制、过程管理和监督评估等。

能源生态安全风险评估

水利枢纽工程建设，尤其是流域梯级开发建设，其工程规模宏大，对自然生态与环境的影响也大。如果未能妥善处理好梯级开发建设与生态环境之间的关系，就很可能对流域生态环境、区域环境造成一定程度的破坏。从 2019 年全国水电装机容量来看，四川、云南、湖北等均为水电开发大省，这些水电大省也恰恰是中国生态脆弱程度较高的地区，这些地区生态系统抗干扰能力很弱，生态系统结构稳定性差，对环境变化的反映也相对敏感，容易受到外界的干扰发生退化演替，系统自我修复能力较弱，自然恢复时间较长。在这些生态脆弱区开发利用水电资源，如果不能协调好水电开发利用与生态环境保护间的关系，极易引发一系列的生态环境问题。

生态安全是一个区域与国家经济安全的自然基础和支撑。2019 年，在"生态优先、绿色发展"的理念下，各水电项目在规划和建设过程中均坚持生态优先，从生态系统整体性和系统性着眼，落实各项环境保护措施。其中，长江经济带开展了小水电整改工作，为努力实现水资源、水环境、水灾害及水生态防护等生态安全保障目标，体现水电开发与生态安全的和谐统一起到了重要作用，对全国小水电整治工作有重要示范和借鉴意义。2019 年，水电项目建设过程中的环保检查工作表明，各水电项目建设和运行过程中基本落实了生产生活废污水处理措施，避免了对水环境的污染。同时，水电流域综合监测中心适时监测结果表明，已运行大中型水电站基本按要求采取下泄生态流量等措施，从而减缓对水环境的不利影响。同时，已建水电站还可以发挥水库的稀释净化作用，从而对保障水环境安全起到积极作用。通过采取各项积极措施，水电开发对生态安全影响已经得到较大的减缓，2019 年水电开发建设过程未发生对环境产生恶劣影响及环境风险事故情况，水电开发区域生态安全总体得到保障。同时，也应该看到水电开发对生态影响仍存在一些薄弱环节，如目前全国落实了生态流量的小水电还不到全国电站总数的 40%，能够承担灌溉、供水、景观、生态等综合利用功能的小水电也明显偏少。此外，大中型水电站缺乏从流域角度对生态流量下泄、鱼类增殖放流、过鱼、低温水减缓等各项环保措施进行长期持续的监测和分析，以评估环境影响的叠加效应、环境保护措施发挥的效果及生态环境的变化趋势，保障流域生态安全。

因此，研究水电开发对生态安全影响，保障能源生态安全，开展能源生态安全风险评估工作具有十分重要的意义。 研究成果和内容具体体现在以下方面：

（1）通过加强流域水电开发全过程管理的研究工作，有助于建立流域协调机制，统筹解决流域性生态安全问题。

（2）通过研究并建立生态环境风险预警和应急机制，及时预警和发现流域生态安全事故和问题，降低生态风险。

（3）研究建立流域综合监测平台，逐步开展流域水电生态环境数据库建设，为开展各项研究工作提供系统、科学、规范的数据资料，并为流域综合管理工作提供技术支持。

（4）研究水电生态保护流域规划体系，为充分发挥流域规划在水电生态环境保护与修复工作中的约束引领作用、加大生态保护和修复工作力度奠定基础。

（5）开展水电生态修复基础理论及关键问题研究，尤其是针对河流梯级开发累积生态环境影响，从流域层面开展鱼类重要栖息地保护与修复、珍稀特有鱼类人工繁育与增殖放流、过鱼设施效果监测与改进、生态流量保障与生态调度等关键技术的科技攻关，不断改进和完善生态保护措施，为维护生态健康、促进流域经济社会又好又快发展提供支撑与保障。

中国新能源行业高质量发展的方向、路径选择、评价标准和战略举措

近年来，中国风电、太阳能发电发展迅速，年增长率均居世界第一。 风电、光伏发电制造水平不断提高，技术不断更新迭代，建设成本持续降低，部分资源条件较好的地区已具备了零补贴上网的技术条件。

在风电、光伏进入平价的时代背景下，围绕能源高质量发展的"安全高效、绿色智慧、开放共享"理念，新能源高质量发展内涵包括高质量的供给、高质量的需求、高质量的配置、高质量的投入产出和高质量的协同。 该研究据此构建了新能源行业高质量发展评价指标体系，其中一级指标包括质效提升、结构优化、创新驱动、生态友好和效益提升；二级指标主要包括技术先进性、传统能源替代率、全方位创新能力、经济社会效益等，并提出了 2022 年、2025 年和 2035 年各重要节点的新能源消费量占比、新能源装机容量占比、新能源发电量占比、分布式新能源发电量占比、新能源能源转换效率及成本等方面的高质量发展评价定量指标及发展目标。

鉴于风电和光伏发电出力具有波动性、间歇性、随机性的特点，以及后平价时代风电、光伏发电成本下降空间等因素影响，为进一步提升新能源的竞争力，从宏观政策引导、提高自身竞争力、全方面实现多能互补三大路径实现新能源行业高质量发展，推广数字化智慧运营，建设新能源分布式能源、微电网示范项目，进一步推动电网公平开放接入，以落实可再生能源消纳责任为约束条件，以新能源高质量发展评价指标为发展方向，建立适应新能源发展的市场体制机制，打破"隔墙售电"壁垒，提高分布式能源渗透率，变革可再生能源电价机制，逐步实现电力交易市场化，健全城镇新能源发展保障机制，建立城镇新能源系统规划，完善综合能源服务体系，整体提升工业、交通和建筑领域的节能减排水平。

中国海上风电产业评估与展望研究

中国海上风电技术基本成熟、产业体系基本完善，已初步具备产业规模化推广条件。 但与欧洲先进国家相比较，中国海上风电仍面临着规划协调不足、项目前期周期长、运营维护经验少、可靠性不足，开发成本依然较高、评估体系不成熟等挑战。

为积极稳妥促进海上风电规模开发利用，评估海上风电产业存在的问题，水电水利规划设计总院组织开展了中国海上风电产业评估与展望研究，研究针对 9 类政企单位共计约 88 家开展调研和收集资料工作，全面深入地分析评估了中国海上风电政策与规划实施情况、开发建设及运行情况、成本构成、海上风电装备及工程风险情况以及主要开发技术，形成了中国未来海上风电产业发展蓝图和主要思路。 主要成果如下：

（1）对中国海上风电进行了全面而深入的评估，主要评估结论包括：①海上风电政策管理体系基本成型，引导并保障行业健康稳定发展，规划目标制定科学合理，各省（直辖市）规划目标预计在"十三五"末均能实现；②整体开发进度略好于设计预期，开发建设受前期影响较大，实际运行水平略高于设计水平，江苏省可利用率水平领先全国；③不同省份的建设条件、施工条件与设计方案等均有所不同，工程投资因省份而异，目前投资水平相对较高，具有一定的降低成本潜力；④风电机组装配制造能力、基础施工装备能力、机组吊装设备能力可以满足中国海上风电稳步发展；⑤海上风电开发先进技术获得了快速积累，但适用于深远海风电等关键技术尚在探索中。

（2）对 2020 年与 2021 年中国海上风电发展进行了展望：①2020年会延续 2019 年的相关管理政策，继续维持原有的海上风电全面竞争性配置和电价机制政策，同时，2019 年年底至 2020 年国家将进一步完善相关政策，推动"十四五"期间海上风电的发展；②预计 2020 年、2021 年全国海上风电核准容量稍有或无新增；③预计 2020 年、2021 年海上风电工程投资略有上涨；④预计未来将推进深海新型基础、柔直系统等先进技术的示范应用，并加快推进深远海项目探索。

（3）提出了"十四五"时期海上风电专题研究思路。 主要思路是从"十四五"时期成本降低路径、产业发展规模和布局、新的政策实施建议、技术进步方向和路线四个方面来开展海上风电专题研究。

基于供应链的光伏行业企业群网络协同制造标准研究与试验验证课题

为推动中国光伏企业智能制造水平，促进产业高质量发展，提升企业国际竞争力，开展基于供应链的光伏行业企业群网络协同制造标准研究与试验验证课题。 课题研究任务包括基于供应链的光伏行业企业群网络协同制造标准的编制和基于供应链的光伏行业企业群网络协同制造试验验证与服务平台建设。

该课题以解决光伏行业供应链协同过程中的关键技术问题为出发点，重点研究基于供应链的光伏行业企业群网络协同制造中的订单分解与物流配送、标识编码与追溯、制造过程在线检测及网络协同制造系统架构与集成等关键技术；自主制定 4 项关键技术标准，并进行试验验证和企业应用验证；建立行业应用规范，树立典型企业应用示范。 充分发挥标准的基础规范、技术支撑和示范引领作用，推动光伏行业建立基于供应链的网络协同制造模式，助推光伏行业企业提质增效和转型升级。

典型气候条件下光伏系统实证测试技术及相关标准体系研究

中国光伏发电发展方向已由规模快速增长逐步转向提质增效降本，随着补贴逐步退坡，光伏发电最终实现平价上网已成为大势所趋。 随之而来的是对光伏核心器件技术水平与电站精细化设计水平的更高要求。 为进一步深入研究气候条件对光伏核心器件与系统影响，掌握不同气候条件下光伏电站精细化设计及实证测试技术，完善相关技术标准规范，国家重点研发计划"可再生能源与氢能技术"重点专项中设立了"典型气候条件下光伏系统实证研究和测试关键技术"研究项目，由中国科学院电工研究所联合水电水利规划设计总院等 20 余家国内高校、研究机构与测试机构共同开展研究工作。

项目围绕典型气候下光伏系统实证研究与测试关键问题，通过建立高性能数据仿真模型与典型气候区实证研究测试平台，在关键气候因素对光伏系统影响和建模技术、大型光伏系统高性能仿真和虚拟现实设计技术、典型气候条件下光伏系统实证平台设计集成和灵活重构技术、光伏核心部件及系统高精度能效测试技术等方面取得突破，建立实证技术规范和标准体系，对未来针对不同气候条件下的光伏电站精细化设计与验证具有重要意义。

光热发电先进技术研究

当前，国内光热发电在资源水平、重要材料、核心技术和关键设备方面与先进国家仍存在一定的差距。光热发电先进技术研究以提高光热发电效率、降低光热发电成本为目标，在太阳能资源评估、太阳岛系统设计、储换热系统、数字化智能型太阳能热发电站，新型太阳能光热发电系统等方向开展一系列研究工作，不断提升技术水平、降低投资成本，使太阳能热发电技术在可再生能源领域更具竞争力。具体研究方向、研究内容如下：

（1）光热发电资源评估方法研究。结合中国各地区不同地形地貌、气候环境，收集太阳能资源数据，加强太阳能热发电站实测数据的综合管理，研究太阳能资源数据管理平台，并形成太阳能热发电站太阳能资源测量技术规范，以利于光热发电的发展。

（2）高温型传热工质研究。采用高温吸热工质能够提高蒸汽发生系统出口蒸汽参数，提高汽轮机热工转换效率，以提高光热发电站整体的光电转换效率，从而降低光热发电成本。

（3）超临界二氧化碳布雷顿循环在光热发电中的应用研究。利用二氧化碳作为传热流体替代光热发电中的蒸汽，热工转换效率有望提高到50%。较高的热工转换效率和更小的涡轮意味着更低的建设成本。

（4）设备材料研究。通过对定日镜、槽式集热器、熔盐泵等光热发电重要设备的技术研究，加快核心设备国产化，实现光热发电的降本增效。

（5）基于光热发电的多能互补基地规划研究。通过光热、光伏、风电等其他可再生能源互补电站，充分发挥光热稳定、可调的技术优势，扩展光热发电应用市场，提高电力系统对不稳定电源的消纳能力。

光热发电先进技术研究一方面可以提高光热发电的效率、降低成本，提高光热发电的竞争力；另一方面能够为电力系统提供稳定、可调的可再生能源，提高电力系统对不稳定电源的消纳能力，更好地服务于中国清洁、低碳能源发展。

研究并制定生物天然气补贴政策和机制

为加快推动可再生能源非电利用发展，支持乡村振兴战略实施，"十四五"期间拟将生物天然气作为可再生能源新兴产业推进发展，尚需要国家政策扶持和补贴。该课题通过总结中国现有生物质天然气行业发展情况，分析发展过程中存在的问题与发展障碍；结合国内已投产生物天然气经验，研究提出中国生物天然气的补贴政策和机制。主要研究思路如下：

（1）推动后端补贴政策研究，调整项目前期建设补贴，推行全国生物天然气价格统一固定补贴，并逐步实施退坡政策。

（2）建立气、肥、原料等产品监测体系，研究后端补贴的奖惩机制，更好地促进企业提高生产效率和技术发展。

（3）进一步对接有关部门，研究出台有机肥、土地、环境保护等配套政策，完善政策支持体系，推动产业可持续发展。

深层地热干热岩能量获取与利用关键科学问题研究

针对中国深层地热干热岩资源开发利用的需求，围绕干热岩能量获取与利用所涉及的靶区优选、储层建造、裂隙表征、热能获取和发电与综合利用等任务，研究干热岩能量获取及转换与高效利用中的关键科学技术问题，进而掌握干热岩裂缝网络形成机制与控制方法，揭示储层裂隙网络中多场耦合的能量传递与转换机理，突破干热岩能量评价、获取及利用关键技术，构建可复制的干热岩开发利用技术体系，提升干热岩能量赋存、获取、传递理论研究和自主创新能力。

该研究为国家重点研发计划"可再生能源与氢能技术"2018年度重点专项课题，国内多家研究单位深度参与。研究工作重点是形成基于中国地质条件的深层干热岩利用方案，并进行经济性分析，以及加强技术集成和成果形态凝练。该项研究的启动和实施，对突破中国深层地热干热岩关键性科学问题、加强创新性研究、提升干热岩资源研究水平具有重要意义。

声　　明

本报告内容未经许可，任何单位和个人不得以任何形式复制、转载。

本报告相关内容、数据及观点仅供参考，不构成投资等决策依据，水电水利规划设计总院不对因使用本报告内容导致的损失承担任何责任。

如无特别注明，本报告各项中国统计数据不包含香港特别行政区、澳门特别行政区和台湾省的数据。部分数据因四舍五入的原因，存在总计与分项合计不等的情况。

本报告部分数据及图片引自国际可再生能源署（International Renewable Energy Agency）、世界水电协会（International Hydropower Association）、国家统计局、国家能源局、中国电力企业联合会等单位发布的数据，以及 Renewable Capacity Statistics 2020、中华人民共和国 2019 年国民经济和社会发展统计公报、2019 年全国电力工业统计快报、中国电力行业年度发展报告 2020 等统计数据报告，在此一并致谢！